FORSCHUNGSBERICHTE DES LANDES NORDRHEIN-WESTFALEN

Nr. 2727/Fachgruppe Bau/Steine/Erden

Herausgegeben im Auftrage des Ministerpräsidenten Heinz Kühn
vom Minister für Wissenschaft und Forschung Johannes Rau

Fachhochschullehrer Prof. Dr.-Ing. Ortwin Jung
Fachhochschullehrer Prof. Dr.-Ing. Gottfried Nonhoff
Fachhochschule Aachen

Stabilitätsuntersuchung
an zylindrischen Bauteilen mit Ausschnitten
unter Axialdruck und Biegebelastung

Westdeutscher Verlag 1978

CIP-Kurztitelaufnahme der Deutschen Bibliothek

Jung, Ortwin
Stabilitätsuntersuchung an zylindrischen Bau-
teilen mit Ausschnitten unter Axialdruck und
Biegebelastung / Ortwin Jung; Gottfried Non-
hoff. - 1. Aufl. - Opladen: Westdeutscher
Verlag, 1978.

   (Forschungsberichte des Landes Nordrhein-
   Westfalen; Nr. 2727 : Fachgruppe Bau, Steine,
   Erden)
   ISBN 978-3-663-05310-1   ISBN 978-3-663-05309-5 (eBook)
   DOI 10.1007/978-3-663-05309-5
NE: Nonhoff, Gottfried:

ISBN 978-3-663-05310-1

Inhalt

1. <u>Einleitung</u>

Uberall findet man in Schalenbauwerken, wie Kamine, Behälter,
Flugzeuge usw., Ausschnitte, die zum einen den Spannungszustand
im Lochbereich und zum anderen das Beulverhalten der Schale stark
beeinflussen.

Das Spannungsproblem an Schalen wurde zuerst für kleine kreisförmige Ausschnitte von LURJE (1) gelöst. Später zeigten WITHUM (2),
LEKKERKERKER (3) und VAN DYKE (4) Lösungen zur Berechnung der Spannungen auch um große Kreisausschnitte auf und JUNG (5, 6) entwickel-
te Lösungsmöglichkeiten für beliebige Ausschnittsformen.

Das Stabilitätsproblem für Schalen ohne Ausschnitte ist heute ebenfalls mit für die Belange des Bauwesens hinreichender Genauigkeit
gelöst. Die grundlegende Arbeit wurde von DONNELL (7) schon 1933
veröffentlicht. Darauf aufbauend erschienen für die Berechnung von
isotropen Metallzylindern sehr viele Veröffentlichungen, von denen
nur die Arbeiten von FLÜGGE (8), PFLÜGER (9), SCHULZ (10), HARRIS
und SUER (11), KAPPUS (12) erwähnt werden sollen. Für die Berechnung
der Beullasten von Zylindern aus isotropen Baustoffen (z. B. GFK-
Zylinder) wurden von WANG (13), SCHULZ (10), GIENKE (14) und NONHOFF
(15, 16) Lösungsmöglichkeiten aufgezeigt.

Für das Beulproblem bei Schalen mit Ausschnitten liegt bislang noch
keine in der Praxis anwendbare Lösung vor. Zwar haben ALMROTH und
HOLMS (17) gezeigt, daß das Beulverhalten von Zylindern mit unver-
steiften Ausschnitten unter Axialdruck mit Hilfe der Methode der
finiten Differenzen, wenn auch mit großem Aufwand, berechnet werden kann. Sie konnten auch an kurzen, nahtlosen, sehr genau gefertigten Aluminiumzylindern eine gute Übereinstimmung zwischen Ex-
periment und Rechenergebnis nachweisen.

Das Rechnen mit diesen Programmen (z. B. STAGS) setzt aber große
Erfahrungen voraus, da man, wie ARBOCZ nachgewiesen hat, leicht durch
Scheinverzweigungspunkte getäuscht werden kann. Aufgrund dieser
Tatsache sind zahlreiche Versuche unumgänglich, um dem Konstruk-
teur bei der Auslegung entsprechender Zylinder ausreichende Ar-
beitsunterlagen zur Verfügung stellen zu können. TENNYSON (18)
führte Versuche an spannungsoptisch aktiven Epoxy-Zylindern mit
einseitiger kreisförmiger Offnung durch. Auch STARNES (19) ver-
wendete Kunststoff-Versuchskörper, in diesem Fall Zylinder aus
Mylarfolie, zur Bestimmung des Einflusses von Kreis- und Rechteck-

ausschnitten auf das Beulverhalten von Zylinderschalen. Die Ausschnitte wurden gegenüberliegend der Naht angebracht. STARNES und ALMROTH verwendeten beide sehr kurze Zylinder, deren Durchmesser-Längenverhältnis nur 0,8 betrug. Damit war, besonders bei größeren Ausschnitten, eine Beeinflussung von Loch und Einspannung nicht auszuschließen, d. h. die Ergebnisse sind nur mit Vorbehalt auf andere Durchmesser-Längenverhältnisse zu übertragen.

Ziel der vorliegenden Arbeit war es, durch Versuche an Zylindern aus rundgewalzten Aluminiumblechen und gewickelten Zylindern aus glasfaserverstärkten Kunststoffen Rechenverfahren zu entwickeln, die eine Dimensionierung von Bauwerken mit Ausschnitten erlauben.

Da die Versuchskörper nur Modelle sein konnten, ist versucht worden, den Streubereich der Vorbeulen und der Wanddickenungenauigkeiten entsprechend den in der Praxis auftretenden zu realisieren. Diese Forderung ergab für die glasfaserverstärkten Kunststoffzylinder so große Abmessungen, daß die an der Fachhochschule vorhandene 25 KN-Hydropulsmaschine nicht in der Lage war, die entsprechenden Beullasten aufzubringen. Die Untersuchungen wurden deshalb an der 600 KN-Prüfmaschine des Instituts für Leichtbau der Technischen Hochschule Aachen durchgeführt. Diese räumliche Trennung der Versuchslaboratorien ließ auch eine Aufteilung der Arbeitsgebiete sinnvoll erscheinen. So wurden alle Versuche an Metallzylindern vom erstgenannten Verfasser durchgeführt, während für alle GFK-Versuche der letztgenannte Verfasser dieses Berichtes verantwortlich zeichnet.

2. Voruntersuchung

Als erstes sollen einige Voruntersuchungen erläutert werden. Da neben den Materialeigenschaften die geometrischen Abmessungen und die Einspannbedingungen, d. h. eine Vielzahl von Parametern, Einfluß auf das Beulverhalten haben, mußten zur Reduzierung der Versuche eine Reihe von Größen von vornherein festgelegt werden. Variiert wurden nur das Radien-Dickenverhältnis R/t, die Lochgröße und die Lochform.

Zunächst war für alle Zylinder eine einheitliche Lagerung zu wählen. Die in Abb. 1 aufgezeigte Lagerung gewährleistet, daß die Radialverschiebung w und die Neigung über der Zylinderachse w' an den Zylinderenden zu Null werden und daß ferner, bedingt durch die kugelige Lagerung der Endscheiben, für die Verschiebung in Längs- und Umfangsrichtung u und v nur eine Starrkörperdrehung der Endscheiben um die Lagerkugeln möglich ist. Der Einfluß der

Zylinderlänge auf das Beulverhalten sollte ebenfalls unberücksichtigt bleiben. Die Zylinderlänge war daher so groß zu wählen, daß die spannungsmäßige Beeinflussung von Ausschnitt und Lagerung vernachlässigbar ist.

Um dieses zu gewährleisten, galt es, zuerst die Spannungen um einen Ausschnitt in einer unendlich langen Zylinderschale zu berechnen. Abb. 2 zeigt z. B. die Spannungsverteilung entlang des Randes eines rechteckförmigen Ausschnitts. In Abb. 3 ist das Abklingen der Normalspannungen in der Umgebung des Loches dargestellt. Abb. 4 zeigt das Abklingen der Biegespannungen um den Ausschnitt. Anschließend wurden für verschiedene Lochgrößen die Linien ermittelt, auf denen die Spannungserhöhungen infolge des Loches auf 10 % des Wertes abgeklungen sind, der in einem Zylinder ohne Ausschnitt herrscht (Abb. 5). Während der Locheinfluß bei sehr kleinen Löchern in Umfangs- wie in Längsrichtung praktisch gleich groß ist, wird er bei großen Löchern in Umfangsrichtung relativ kleiner, während er in Längsrichtung erheblich anwächst. Die Zylinderlänge wurde so gewählt, daß auch bei den größten Ausschnitten der Einfluß der Spannungsänderung durch das Loch an den Einspannungen in der Regel nicht mehr als 20 % der Spannung im ungestörten Zylinder betrug. Nur an einigen Zylindern mit großem Zylinderdurchmesser konnte diese Bedingung nicht eingehalten werden, weil dazu die Arbeitshöhe der verwendeten Prüfmaschinen nicht ausreichte. Desgleichen wurde darauf geachtet, daß der Einfluß einer Störung von der einen Lochseite auf dem Umfang um den Zylinder herum bis zur anderen Lochseite ebenfalls praktisch abgeklungen war.

Diese Voruntersuchungen wurden mit einer Theorie erster Ordnung durchgeführt, d. h. sie sind ziemlich exakt für Zylinder unter Längszug sowie für kleine Druckkräfte. Wenn auch eine nichtlineare Theorie in der Umgebung des Lochrandes sehr starke Abweichungen gegenüber den nach der linearen Theorie ermittelten Werten liefert, so kann man doch davon ausgehen, daß das Abklingverhalten in größerer Entfernung vom Loch bis hart an die Beullasten heran von der Theorie erster Ordnung einigermaßen richtig erfaßt wird.

3. Versuchsaufbau und Versuchsdurchführung

3.1 Herstellung der Zylinder

3.1.1 Herstellung und Aufbau der Metallzylinder

Die Metallzylinder wurden alle an der Fachhochschule Aachen angefertigt. Die Zylinder wurden auf Radius gewalzt, anschließend geschäf-

tet und auf einem Holzkern (Abb. 6) mit Uhu-Plus geklebt. Nach der
Klebung wurden sie auf dem Holzkern verspannt. In diesem Zustand
konnten die Ausschnitte gefräst werden. Um den Einfluß der Naht, der
trotz einer sorgfältigen Fertigung nicht vollständig auszuschließen
ist, möglichst klein zu halten, wurden die Ausschnitte gegenüber der
Naht angebracht.

Die Metallzylinder bestehen aus Duraluminium mit einer Streckgrenze
von ca. 300 N/mm^2. Berücksichtigt man, daß die beim Beulen aufge-
tretenen Spannungen in der ungestörten Zylinderschale ohne Ausschnitt
zwischen 40 und 80 N/mm^2 lagen, so kann man davon ausgehen, daß örtliche Überschreitungen der Streckgrenze in ihrer Ausdehnung zu be-
grenzt sind, um das Stabilitätsverhalten der Schale wesentlich zu
beeinflussen.

3.1.2 Herstellung und Aufbau der Zylinder aus GF-UP

Die Zylinder aus GF-UP wurden alle im Wickelverfahren auf wieder-
verwendbaren Kernen hergestellt. Aus der Vielzahl der möglichen
Laminate für solche Schalen wurden Laminataufbauten ausgewählt,
die in der Praxis für tragende zylindrische Bauteile am häufig-
sten verwendet werden. Im einzelnen sind dies

    a) $0°/90°$ Laminat mit Zwischenschichten aus Wirrfasern
       ca. 100 g/m^2
    b) $45°/90°$ Laminat mit Zwischenschichten aus Wirrfasern
    c) $0°/45°/90°$ Laminate mit Zwischenschichten aus Wirrfasern

Durch diese verschiedenen Laminat-Aufbauten war die Streubreite
der mechanischen Kennwerte recht groß und mußte, im Gegensatz zu
den Metallzylindern, für jeden einzelnen Zylinder gesondert be-
stimmt werden. (Tabelle 2).

Wegen der vorhandenen Wickelkerne und der vorgegebenen Laminate
konnte das $R·/t$-Verhältnis nicht über 150 ausgedehnt werden. Dies
bedeutete, daß die Versuche an relativ dickwandigen Schalen durchgeführt wurden. Da aber das E/σ - Verhältnis für die GFK klein
ist, spielte sich der Beulvorgang (hier das Primärbeulen) stets im
quasi-elastischen Bereich ab.

Die Herstellung der Versuchskörper wurde zum Teil auf einer eigenen
Wickelanlage vorgenommen. Der andere Teil wurde von der GFK verar-
beitenden Industrie hergestellt und kostenlos zur Verfügung gestellt.

3.2 Messung der Zylindergüte

Um die Größe der Vorbeulen des Zylinders und die Genauigkeit der
Geometrie abschätzen zu können, besonders aber, um einen Überblick

über die Güte der eigenen Zylinder zu erhalten, wurde die radiale
Abweichung der Zylinder von der Ideallinie gemessen. Abb. 7 zeigt
die einfache Meßapparatur. Ein Wegaufnehmer, der mit einem vom
Zylinder aufwickelbaren Faden verbunden ist, gibt die Winkellage
des Zylinders an. Ein zweiter Wegaufnehmer, der entlang der
Zylindermantellinie verschiebbar angebracht ist, mißt bei
Drehung des Zylinders um seine Achse die radiale Abweichung
von der Idealkontur.

Diese Apparatur war in der Lage, auf einem x-y-Schreiber die
radiale Abweichung als Funktion des Drehwinkels des Zylinders
aufzuzeichnen. Wurde nach Vermessen einer Umfangskontur der Meß-
fühler für die radiale Abweichung um 1 cm tiefer gestellt, so
wurde auch das Meßpapier um jeweils den gleichen Betrag verscho-
ben. Bei Kenntnis der Verschiebung einer Mantellinie (Abb. 12
zeigt eine dazu geeignete Meßvorrichtung) waren dann auch die
radialen Abweichungen entlang aller Mantellinien bekannt.

Die maximalen radialen Abweichungen der Zylinderkontur von der
Ideallinie betrugen bei den Metallzylindern mit 168 mm Durchmesser
etwa 0,5 mm, bei denen mit 440 mm Durchmesser ca. 0,6 mm, d. h. sie
lagen in beiden Fällen in der Größenordnung der Wandstärke selbst.
Auf den Radius bezogen waren dagegen die größeren Zylinder relativ
genauer hergestellt. Abb. 8 zeigt einen solchen Meßschrieb, wie
er für fast alle Zylinder angefertigt wurde.

Die GF-UP-Zylinder können aufgrund des Herstellungsverfahrens nur
auf der Innenseite vermessen werden. Dazu mußte die Meßeinrichtung
ein wenig umgebaut werden (Abb. 9). Im Gegensatz zu den Metallzylindern wurde hier im Abstand von 100 mm eine radiale Vermessung
vorgenommen. Diese Vermessung ließ auch eine Aussage über die Qua-
lität der Mantellinie zu (Abb. 10). Die maximalen Abweichungen von
der idealen Zylinderkontur betrugen bei allen Zylindern D = 400
bzw. 600 mm, e = 1 ÷ 1,5 mm. Dies bedeutet, daß praktisch in keinem
Fall die Vorbeulentiefe größer als t/2 war. Dieser Wert wird auch
in der Praxis eingehalten.

3.3 Messung der Ausbiegung der Zylinderachse

Bei sehr langen Zylindern ist zwar sichergestellt, daß die spannungsmäßige Beeinflussung von Loch- und Endscheiben sehr gering ist, andererseits erfährt aber durch den Locheinfluß die Zylinderachse bei

Längsdruckbelastung eine Krümmung. Betrachtet man die Schale als
Balken, dann erzeugen bei Längskraftbeanspruchung die Längskräfte
um die Schalenachse Biegemomente, die eine zusätzliche weitere
Krümmung der Achse bewirken. Diese zusätzlichen Biegemomente
hängen nun sehr stark von der Schalenlänge ab. Da unsere Meßergebnisse für unterschiedlich große Schalenlängen Gültigkeit haben
sollen, muß die Krümmung der Schalenachse bzw. die Größe der zusätzlichen Biegemomente gemssen werden. Mit Hilfe der einfachen
Balkentheorie ist dieser Effekt nicht abschätzbar, da eine Schale
mit Ausschnitt durch Ausbiegen der Lochränder membrandehnungsfrei
eine gegenseitige Verdrehung der Endscheiben ermöglichen kann. Die
in Abb.11 dargestellte Meßapparatur erlaubt es, die gegenseitige
Verdrehung der Zylinderscheiben zu messen. Abb. 12 zeigt eine Meßapparatur, mit der die Verschiebungen entlang der Mantellinien der
Schale aufgenommen werden konnten.

3.4 Versuchsdurchführung bei zentrischer und exzentrischer Längs-kraftbeanspruchung

3.4.1 an Metallzylindern

Unter Verwendung der Wegsteuerung wurden die Metallzylinder auf der
25 KN -Hydropulsmaschine zusammengedrückt. Dabei war fast immer der
gleiche Ablauf im Kraft-Weg-Diagramm zu beobachten (Abb. 13). Zuerst
biegen sich erwartungsgemäß (dem in Abb. 4 gezeigten Momentenverlauf
entsprechend) die Lochlängsseiten aus. Anschließend entstehen zwei
Einzelbeulen, die je nach Lochgröße entweder über der Diagonalen des
Loches oder auch symmetrisch zu der vertikalen Symmetrieachse des
Loches liegen. Diese Beulen heißen im folgenden Primärbeulen. Sie
haben in etwa die Form einer Ellipse, deren Rand den Ausschnitt tan-
giert. Die Lasten, bei denen die Primärbeulen einspringen, werden als
Lasten für das örtliche Beulen bezeichnet.

Im allgemeinen ist, besonders bei kleinen Ausschnitten, mit dem Einspringen der Primärbeulen die größte Tragfähigkeit des Zylinders
noch nicht erreicht. Bei weiterer Zusammendrückung steigt die aufnehm-
bare Last an, bis plötzlich Rautenbeulen einspringen. Dieser weitere

Anstieg ist oft bei den Versuchen mehr oder weniger nichtlinear,
was sicherlich zum Teil auf plastische Einflüsse zurückzuführen
ist. Mit Einspringen der Rautenbeulen ist die maximale Tragfähigkeit der Schale überschritten. Ein weiteres Zusammendrücken er-
zeugt immer neue Rautenbeulen, die ertragbare Last der Schale
sinkt immer weiter ab. Letzteres entspricht dem Verhalten von
Zylinderschalen ohne Ausschnitte.

Die Abbildungen 14 und 15 zeigen die Meßschriebe für zwei weitere
Zylinder. Die besonders in Abb. 14 auftretende Welligkeit des Meß-
schriebes beruht zu einem Teil auf Regelschwingungen der Maschine,
zum anderen auf dem Verhalten des x-y-Schreibers, der manchmal mit
den Regelschwingungen in Resonanz kam. Bei Abb. 15 war die Maschine
zur Reduzierung der Schwingungen weicher eingestellt. Hier federt
der Kolben beim plötzlichen Abfall der Last etwas nach, was gut an
der oberen Spitze des Diagramms ersichtlich ist. Abb. 16 zeigt den
Meßschrieb für einen Zylinder mit einem großen R/t-Verhältnis. In
diesem Fall ist beim Einspringen der dort ziemlich flachen Primärbeulen praktisch kein Abfall der Last wahrnehmbar. An diesen dünnen
Zylindern mit R/t = 440 läßt sich auch sehr gut beobachten, daß
beim Beulen plastische Deformationen nur wenig beteiligt sind. So
zeigt Abb. 17, daß die sehr starken Beulen nach dem Entlasten fast
alle wieder herausspringen.

Der Versuchsaufbau für exzentrische Längsdruckbeanspruchung entspricht, abgesehen von der exzentrischen Lasteinleitung, dem der
zentrischen Beanspruchung. Durch die zusätzlichen Biegemomente erfährt die Zylinderachse schon vor dem örtlichen Beulen eine sicht-
bare Krümmung. Diese wird mit dem Einspringen der Primärbeulen so
verstärkt, daß die dadurch erzeugten zusätzlichen Biegemomente nur
noch einen geringen Anstieg der maximal ertragbaren Last über die
Last für das örtliche Beulen hinaus zulassen. Abb. 18 zeigt ein
typisches Kraft-Verformungs-Diagramm für exzentrische Banspruchung
eines langen Zylinders.

3.4.2 an GFK-Zylindern

Im Gegensatz zu den Metallzylindern konnten die Versuche nicht an
einer weggesteuerten Maschine, sondern nur an einer 600 KN-Prüfmaschine mit Kraftsteuerung durchgeführt werden. Dadurch ergaben
sich im Versuchsablauf einige andere Ergebnisse als bei den Metallzylindern.

Das Kraft-Weg-Diagramm, wie in Abb. 13, entspricht bis zum Einspringen der Primärbeule dem der Metallzylinder. Danach war aber
immer ein deutlicher Abfall der Last auf ca. 1/3 der maximalen
Last festzustellen.

Während der Belastung bogen sich erwartungsgemäß die Lochlängsseiten (Abb 19) aus. Dies geschah je nach Ausschnittsgröße,
R/t-Verhältnis und Laminataufbau in einer oder zwei Halbwellen.
Bei weiter steigender Last fand kaum eine Umlagerung statt, denn
die Wellenamplituden wuchsen mehr und mehr an, bis plötzlich auf
jeder Seite des Ausschnittes eine Beule einsprang. Diese Beulen-
bildung rief in fast allen Fällen einen Laminatbruch hervor, so
daß die Zylinderwandungen aneinander vorbei gleiten konnten
(Abb. 20). In nur wenigen Fällen, meist beim $0^0/45^0/90^0$-Laminat,
trat erst nach weiteren Deformationen, ohne Laststeigerung, ein
Bruch ein.

In allen Fällen war nach dem Beulen die Schale durch Delaminie-
rungen oder Laminatbrüche unbrauchbar geworden.

3.5 Ermittlung der Beullasten infolge Biegebeanspruchung

3.5.1 an Metallzylindern

Die in Abb. 21 dargestellte Biegevorrichtung erlaubt es, die Beullasten von Zylinderschalen unter reiner Biegebeanspruchung zu be-
stimmen. Die Beullasten wurden ebenfalls mit Hilfe der 25 KN-Hydropulsmaschine über Wegsteuerung ermittelt. Abb. 22 zeigt den Versuchsaufbau. In Abb. 23 ist ein typisches Momentenverformungs-
Diagramm aufgezeichnet. Wenn man davon absieht, daß das Einbeulen

der Zylinderschalen nur im Druckbereich erfolgt, lassen sich
kaum Unterschiede im Beulvorgang egenüber einer Schale unter
zentrischem Druck feststellen.

3.5.2 an GFK-Zylindern

Die Ermittlung der Beullasten unter Biegebelastung wurde nur mit
Hilfe der Querkraftbiegung vorgenommen (Abb. 24). Für diese Versuche wurden die Ausschnitte in unmittelbarer Nähe der Einspannung
(Abb. 25) angeordnet, damit auch ein Versagen im Bereich des Ausschnitts auftrat. Das Beulbild am Zylinder und das Kraft-Weg-
Diagramm war ähnlich dem bei axialem Druck. Durch die Anordnung
des Ausschnitts im Randbereich wurden die Streuungen der Versuchs-
werte größer, denn je nach Laminataufbau und R/t-Verhältnis hatten
die Randspannungen einen versteifenden oder abschwächenden Einfluß
auf die Schale.

3.6 Messung des Spannungsverlaufes um Ausschnitte

Um einen Uberblick über die Spannungsumlagerung beim Ausbeulen der
Zylinder zu erhalten, wurden Spannungsmessungen mit Dehnungsmeß-
streifen durchgeführt. Mit Hilfe von Schablonen war es möglich, die
DMS von innen und außen genau an der gleichen Stelle anzubringen.
Dies erlaubte dann eine Trennung des Biege- und Membranspannungs-
anteils der gemessenen Schalenspannungen. Da für das Einspringen
der Beulen in erster Linie die Membranspannungen verantwortlich
sind, diese aber in der Beule selbst meßtechnisch nicht mehr exakt
erfaßbar sind, sollten die DMS an den Stellen des Lochbereichs angebracht werden, die durch die starken Biegeverformungen, die beim
Einspringen der Beulen entstehen, am wenigsten beeinflußt werden.

Zur Auffindung dieser Stellen wurden die Aluminiumzylinder mit einem
Holzkern versehen, dessen Durchmesser im Lochbereich etwa 1 mm ge-
ringer war als der Zylinder-Innendurchmesser. So konnten sich die
Primärbeulen nur mit sehr geringer Beultiefe ausbilden, d. h. der
Beulvorgang blieb im elastischen Bereich und die Beule sprang beim

Entlasten wieder vollständig heraus. Des weiteren durfte davon ausgegangen werden, daß beim erneuten Belasten die örtlichen Beulen wieder an den gleichen Stellen einspringen. Auch erreichten die Zylinder nach Kleben der DMS im nicht-beulgefährdeten Bereich fast die gleiche Beullast für das örtliche Beulen wie beim ersten Belasten.

Darüber hinaus wurden die Spannungsumlagerungen während des Beulens auch an Hostaphan-Zylindern gemessen. Bei diesem hochelastischen Material konnte der Beulverlauf beliebig oft wiederholt werden, ohne daß sich durch plastische Einflüsse ein Abfall der Beullasten gegenüber dem ersten Versuch bemerkbar machte. Schwierigkeiten bereitete hierbei nur der elastische Kleber Ultraflex, der als Kleber für die DMS die Erstellung besonderer Eichkurven zur Ermittlung der Materialdehnungen erforderlich machte. In Abb. 26 sind die bei einem Versuch ermittelten Spannungsverläufe im Lochbereich für verschiedene Zylinderlasten aufgezeigt.

An den GFK-Zylindern wurde in ähnlicher Weise der Spannungsverlauf gemessen, jedoch mit dem Unterschied, daß die DMS nicht im Bereich geringster Beanspruchung angeordnet wurden, sondern dort, wo aufgrund einiger Vorversuche mit größeren Deformationen bzw. großer Dehnung zu rechnen war. In Abb. 27 sind die ermittelten Spannungsverläufe aufgetragen.

4. Zusammenstellung der Meßergebnisse

Im folgenden werden nur die Meßergebnisse angeführt, aus denen sich einfache Gesetzmäßigkeiten für das Beulen von Schalen mit Ausschnitten ableiten lassen. So wurde bewußt darauf verzichtet, alle Spannungsmessungen oder die Vermessungsprotokolle der Vorbeulen aufzuführen. In den Tabellen 1 und 2 sind die Abmessungen und Werkstoffdaten der Versuchskörper und die gemessenen Beullasten zusammengestellt. Da die GFK-Zylinder nach Einspringen der Primärbeulen meist durch Bruch des Harzes und anschließendes Übereinanderschieben der beiden Bruchkanten versagten, war die Last für das örtliche Beulen

in der Regel auch die maximal ertragbare Last. Auf die Unterschei-
dung zwischen den Lasten für örtliches Beulen und Gesamtbeulen
(zu der es praktisch nie kam) mußte daher bei den GFK-Schalen verzichtet werden. In Abb. 28 sind die Winkeldrehungen einiger Zylinderendscheiben kurz vor dem Einspringen der örtlichen Beulen eingetragen. Abb. 29 zeigt die Winkeldrehungen kurz vor Einspringen
der Gesamtbeulen.

Als nächstes stellt sich die Frage, wie man die Beullasten am besten
zusammenstellen soll, damit man aus ihnen die Beullasten für andere
Zylinder und Ausschnitte extrapolieren kann.

Da wäre als erstes zu klären, was man unter der Beullast einer Schale mit Ausschnitten überhaupt verstehen sollte. Da zumindest bei
kleinen Ausschnitten die Tragfähigkeit der Schale beim Einspringen
der örtlichen Primärbeulen noch lange nicht erschöpft ist, sondern
die Schale zu diesem Zeitpunkt gegenüber dem endgültigen Versagen
noch einen großen Sicherheitsfaktor besitzt, wäre es sicherlich dort,
wo es, wie im Flugzeugbau - Raumfahrzeugbau, auf optimale Ausnutzung
des Werkstoffes ankommt, zu ungünstig, wollte man die Last für diesen
ersten Verzweigungspunkt als die kritische Beullast annehmen. Es wird
daher im folgenden die gemessene Maximallast als kritische Last an-
gesetzt. Dies hat noch den Vorteil, daß die maximal ertragbaren
Lasten im allgemeinen weniger streuen als diejenigen, bei denen die
Primärbeulen einspringen. Damit erhält man z. B. für die Metallzylinder mit 168 mm Durchmesser und 0,5 bzw. 0,6 mm Wanddicke und
Rechteckausschnitten den in Abb. 30 dargestellten Verlauf der kri-
tischen Spannung über die Ausschnittsgröße. Für Kreisausschnitte,
andere Zylinderabmessungen, andere Materialien und andere Belastungs-
zustände lassen sich ähnliche Diagramme aufzeichnen.

Im folgenden soll nun versucht werden, alle diese möglichen Diagramme
so in einem Diagramm zusammenzustellen, daß sie eine Extrapolation
auch auf noch nicht untersuchte Schalenabmessungen erlauben. Da bis-
her theoretisch-analytisch gefundene Ergebnisse fehlen, mit denen man
durch Vergleich von Theorie und Messung die wohl bestmögliche

Auftragungsform der Meßergebnisse ableiten könnte, soll im folgenden eine einfache Modellvorstellung für das Beulen entwickelt
werden. Wir gehen dabei von der Annahme aus, daß sich beim Belasten durch Ausbiegen der Ränder und später durch Bildung der
Primärbeulen die Zylinderspannungen so umlagern, daß sie sich im
Mittel an die Spannungsverteilung angleichen, die sich entsprechend
der Balkentheorie über den Restquerschnitt im Ausschnittsbereich
einstellen. Wir nehmen damit eine über den Durchmesser linear ver-
laufende bekannte Spannungsverteilung an in einer durch Ausbiegen
der Ränder und durch das Einspringen der Primärbeulen stark vor-
gebeulten Schale. Wie aus Abb. 26 ersichtlich, wird diese Annahme
zumindest teilweise durch die Spannungsmessung bestätigt. Da bei
größeren Lasten die maximalen Druckbeanspruchungen im Lochgebiet
keineswegs mehr am Lochrand auftreten, wird unsere Schale dann
beulen, wenn die lineare Spannungsverteilung größer wird als diejenige, die einen ungestörten Zylinder (ohne Ausschnitt) mit verhältnismäßig großen Vorbeulen zum Einbeulen bringt.

Nun sind zwar die Beullasten entsprechend vorgebeulter Schalen
ohne Ausschnitte nur teilweise bekannt. Da aber die Primärbeulen
in ihrer Form den späteren Rautenbeulen kaum gleichen, sind sie
trotz ihrer Tiefe als verhältnismäßig ungefährliche Vorbeulen an-
zusehen, d. h. die Beullasten dieser Schalen werden nur wenig
unterhalb der Mittelwertkurve aller Beulversuche (wie sie z. B.
von HARRIS (11) ermittelt wurde) liegen. Bezieht man daher den mit
den wirklichen Beullasten ermittelten Maximalwert der linearen
Spannungsverteilung auf die Beulspannung, wie sie sich aufgrund
der Mittelwerteskurve aller Beulversuche ergibt(Abb.36),so müßten bei
Richtigkeit aller genannten Annahmen alle bezogenen Beulwerte um
einen Wert, der etwas kleiner als 1 ist, streuen. Da unsere Annahme aber sicherlich nicht exakt ist und die Lochgröße das Abklingverhalten der Spannungen um den Ausschnitt herum mitbestimmt,
wurde im folgenden die gemessene bezogene Beulspannung über $\frac{b}{\sqrt{Rt}}$
aufgetragen. Dabei bedeutet b die halbe Lochbreite in Umfangsrichtung, R der Zylinderradius und t die Zylinderwandstärke. Als
Parameter können dann noch die Mittelwertskurven der bezogenen
Beullasten für bestimmte Lochformen eingezeichnet werden.

In Abb. 31 sind alle Metallzylinder nach diesen Gesichtspunkten
eingetragen. Man erkennt ein leichtes Abfallen der bezogenen
Beullast mit der Ausschnittsgröße sowie die Tatsache, daß die
rechteckförmigen Ausschnitte die Beullasten ungefähr 15 % mehr
erniedrigen als kreisförmige Ausschnitte. Die Beullasten unserer
Metallzylinder liegen dabei etwas unter dem Mittelwert der Zusammenstellung von HARRIS. Da durch Ausbiegung der Zylinderachse
unter Längskraftbeanspruchung die effektive Randspannung höher
liegt als diejenige, die wir unter Annahme eines unverformten
Bauteils ermittelt haben, liegen alle bezogenen Beulspannungen
der langen Zylinder $1/R \approx 2,7$ bei Berücksichtigung der Ausbiegung
um ca. 10 % höher. Abb. 32 zeigt, daß dadurch die Streubreite der
Meßwerte noch etwas verringert wird. Da diese Einflüsse aber nur
für die langen Metallzylinder gemessen wurden, bleiben sie in den
folgenden Diagrammen unberücksichtigt.

In Abb. 33 sind die bezogenen Beullasten aller GFK-Zylinder aufgetragen. Bis auf die etwas größere Streuung der Meßergebnisse,
die zum großen Teil auf fertigungsbedingte Fehlstellen in den
Modellschalen zurückzuführen sind, zeigt sich das Verhalten wie
bei den Metallzylindern. Aufgrund der genau gefertigten Wickelkerne sind die Vorbeulen in der Schale ohne Ausschnitt etwas geringer und damit die bezogenen Beullasten geringfügig höher als
bei den Metallzylindern. Bei Ausschnittsgrößen über $\frac{b}{\sqrt{Rt}} = 2$
ist die gute Herstellungsgenauigkeit jedoch ohne Einfluß.

Noch stärker wird dieser Abfall der Beullasten durch Ausschnitte
bei den von STARNES (19) angefertigten, sehr genauen Mylarzylin-
dern sichtbar (Abb. 34). Aufgrund des kleinen 1/R-Verhältnisses
von 1,25 und der genauen Schalenkontur tragen diese ungestörten
Zylinder fast das doppelte verglichen mit den von HARRIS ermittelten mittleren Beullasten. Bei Ausschnittsgrößen über $\frac{b}{\sqrt{Rt}} = 2$
liegen aber die Meßergebnisse kaum noch über denen der Metallzylinder.

Es liegt sicherlich an dem kleinen 1/R-Verhältnis, daß die Beullasten der Mylarzylinder nicht noch tiefer abfallen. Da diese

Zylinder durch elastisches Biegen der Folie und anschließendes
Verkleben der Enden hergestellt sind, wird sich die Folie, nach
dem Fräsen der Ausschnitte, in der Nähe der Lochränder entlang
der Mantellinie teilweise wieder zurückbiegen. Dadurch wird im
Ausschnittsbereich die Krümmung der Schale und damit auch die
ertragbare Beullast stärker verringert als bei den Metallzylindern und GFK-Zylindern. Versuche an langen Hostaphanzylindern
zeigten diesen Effekt. Obwohl die Kontur der Zylinder verhältnismäßig genau war, liegen die Beulwerte alle unterhalb aller
für Metallzylinder und GFK-Zylinder gemessenen Beullasten.

Andererseits zeigt der große Abfall der Beullasten, daß bei kleinen Längen die Beulwerte von Schalen mit Ausschnitten wesentlich
weniger erhöht werden, als die ungestörter Schalen, bei denen ja
schon Beulspannungen oberhalb der klassischen Werte gemessen
wurden.

In Abb. 35 sind alle Meßergebnisse in einem Diagramm zusammengefaßt. Neben den Meßwerten von STARNES wurden auch diejenigen von
ALMROTH (17) und SCHULZ (20) mit eingezeichnet.

Berücksichtigt man, daß in diesen Diagrammen die Beulwerte für
Kreis- und Rechtecksausschnitte, für GFK- und Metallzylinder, für
Biege- und Längskraftbeanspruchung zusammengefaßt sind, so ist die
Streuung der Meßwerte, verglichen mit der Streuung der Beullasten
von Zylindern ohne Ausschnitte, als verhältnismäßig gering zu be-
zeichnen. Das bedeutet aber auch, daß die Meßwerte unsere anfäng-
lichen Annahmen als gute Näherung bestätigen. Damit läßt sich nun
eine Näherungsformel für die Berechnung der Beullasten von Zylinderschalen mit Ausschnitten unter Längsspannungsbeanspruchung aufstellen.

5. Näherungsformel zur Berechnung von Zylinderschalen mit Ausschnit-ten unter Längsspannungsbeanspruchung.

Berechnet man für einen Zylinder mit Ausschnitt die maximalen Spannungen am Ausschnittsrand gemäß der Balkentheorie, so wird er im
Mittel beulen, falls die Randspannungen etwa 75 % der Spannungen

erreichen, bei denen Zylinder mittlerer Güte ohne Ausschnitt
unter Längsdruckbeanspruchungen einbeulen.

Da der Streubereich von Zylindern mit Ausschnitten geringer ist
als der von solchen ohne Ausschnitte, fallen die bezogenen Spannungen, bei denen 10 % der Zylinder ausfallen bzw. 90 % noch über-
leben, fast zusammen. Nun verwendet man zur Dimensionierung von
Zylindern ohne Ausschnitte meist die Beulwerte für 90 % oder gar
95 % Überlebenswahrscheinlichkeit bzw. die 10 % oder 5 % - Fraktile.
Da diese aber bei Zylindern mit und ohne Ausschnitte fast die
gleiche ist, können wir die Beulspannung in beiden Fällen mit
den gleichen Formeln berechnen:

$$\sigma_{krit} = k_{S90} \cdot E \cdot \frac{t}{R} \qquad \left[oder \qquad \sigma_{krit} = k_{S95} \cdot E \cdot \frac{t}{R} \right] \qquad (1)$$

Nur ist beim Zylinder mit Ausschnitt die mit der Balkentheorie gerechnete größte Lochrandspannung mit σ_{krit} zu vergleichen. In Abb. 37
sind die mit den Beullasten berechneten maximalen Lochrandspannungen
$\sigma_{L\,krit}$ auf σ_{krit} bezogen, eingetragen. Bis auf die Hostaphanzylinder,
für die, wie zuvor erwähnt, aufgrund des Herstellungsverfahrens mit
geringeren Beulwerten zu rechnen war, und einige GFK-Zylinder mit
großen inneren Bauungenauigkeiten liegen alle bezogenen Beullasten
über 1.

Bezeichnet man mit σ_{∞} die Spannungen in einem Zylinder ohne Loch
und mit σ_L die mit der Balkentheorie gerechnete maximale Spannung
am Lochrand, so läßt sich auch eine Formel für die Kräfte angeben,
die ein Zylinder (bei 10 % Ausfallwahrscheinlichkeit) unter zentrischer Längsdruckbeanspruchung aufnehmen kann.

$$F_{krit} = k_{S90} \cdot 2\pi \cdot t^2 E \cdot \frac{\sigma_L}{\sigma_{\infty}} \qquad (2)$$

Für die Werte für k_{S90} der Arbeit von HARRIS (11) läßt sich auch
eine empirische Formel aufschreiben

$$k_{S90} = \left[\frac{R}{t} + 225 \right]^{-\frac{1}{5}} - 0{,}125 \qquad (3)$$

Damit lauten die Beulkräfte für Zylinderschalen

$$F_{krit} = \left\{ \left[\frac{R}{t} + 225 \right]^{-\frac{1}{5}} - 0{,}125 \right\} \cdot 2\pi \cdot t^2 \cdot E \cdot \frac{\sigma_L}{\sigma_\infty} \qquad (4)$$

Formel (4) läßt den Abfall der ertragbaren Last mit der Ausschnittsgröße etwas besser erkennen als Formel (1).

6. Schlußbemerkung

Aufgrund zahlreicher Versuche konnte nachgewiesen werden, daß die
großen Spannungserhöhungen, die Ausschnitte in Zylinderschalen bei
Zugbeanspruchung und kleinen Druckbeanspruchungen erzeugen, durch
Spannungsumlagerung so weit abgebaut werden, daß sie auf das Beulverhalten der Schalen praktisch keinen Einfluß mehr haben. Dadurch
ließen sich einfache Formeln zur Berechnung der Beullasten von
Zylinderschalen unter Längsdruck und Biegebeanspruchung aufstellen.

7. <u>Literaturverzeichnis</u>

(1) LURJE, A. I.   Concentration of Stresses in the Vicinity
                             of an Aperture in the Surface of a Circu-
                             lar Cylinder.

                             Prikladna a Matematika i Mekhanika, 1946

(2) WITHUM   Die Kreiszylinderschale mit kreisförmigem
                             Ausschnitt unter Schubbeanspruchung.

                             Ingenieur-Archiv, 26, 1958

(3) LEKKERKERKER, J.G.   Stress Concentration around Circular Holes
                             in Cylindrical Shells, Proceeding of the
                             Eleventh International Congress of Applied
                             Mechanics, Munich (Germany), page 283, 1964

(4) VAN DYKE   Stresses about a Circular Hole in a Cylin-
                             drical Shell

                             AIAA-Journal, Vol. 3, No. 9, September 1965

(5) JUNG, O.   Ermittlung der Spannungen um Ausschnitte in
                             Scheiben, Platten und Zylinderschalen

                             Dissertation, TH Aachen, 1970.

(6) H. EBNER and   Stress concentration around holes in plates
     O. JUNG   and shells.

                             Contribution to the theory of aircraft
                             structures, Delft University Press, 1972

(7) DONNELL, L.H.   Effect of Imperfections on Buckling of Thin
                             Cylinders under External Pressure.

                             AIAA.

(8) FLÜGGE, W.   Statik und Dynamik der Schalen.

                             Springer-Verlag

(9) PFLÜGER, A.   Stabilitätsprobleme der Elastostatik.

                             Springer-Verlag.

(10) SCHULZ, U.   Zur Beulstabilität anisotroper Zylinder-
                             schalen aus GFK.

                             Bauingenieur 1972, Jahrg. 47, Heft 5.

(11) HARRIS, A.LEONARD,   The Stability of Thin-Walled Unstiffened
     SUER, S. HERBERT,   Circular Cylinders under Axial Compression
     SKENE, T.WILLIAM,   Including the Effects of Internal Pressure.
     BENJAMIN, J.ROLAND
                             North American Aviation Inc.,
                             Journal of the Aeronautical Sciences,
                             August, 1957

(12) KAPPUS, R.   Jahrbuch 1935, Deutsche Luftfahrtforschung
                                I., S. 426

(13) WANG, C.S.   21st. Annual Conf. SPI Chikago
                                1966, Sect., 14 E.

(14) GIENCKE, E.   Beitrag zur Beulung gedrückter GFK-Zylinder-
                                schalen.

(15) NONHOFF, G.   Ein Beitrag zur Stabilitätsberechnung und
                                Prüfung von Zylinderschalen aus glasfaser-
                                verstärktem Kunststoff unter gleichmäßigem
                                Außendruck.

                                TH Aachen.

(16) NONHOFF, G.   Untersuchung zum Beulverhalten von zylin-
                                drischen Schalen aus GF-UP unter axialem
                                Druck und einseitiger Biegebelastung.

                                Forschungsbericht des Landes NRW.

(17) HOLMES, Alan M.C.,   An experimental Study of the Strength and
      ALMROTH, Bo.O.   Stability of Thin Monocoque Shells with
                                Reinforced an Unreinforced Rectangular
                                Cutouts.

                                Structural Mechanics Laboratory Lockheed
                                Palo Alto Research Laboratory, Palo Alto,
                                California, May, 1971

(18) TENNYSON, R.C.   The effects of unreinforced circular cut-
                                outs on the buckling of circular cylin-
                                drical shells under axial compression.

                                Journal of Engineering for Industry 90,
                                Nov. (1968)

(19) STARNES, J.H. Jr.   The Effects of Curouts on the Buckling of
                                Thin Shells.

                                In: Thin Shell Structures, Ed.: Y.C. Fung,
                                E.E. Sechler, Prentice Hall, Inc.,
                                Englewood Cliffs, N.Y. (1974)

(20) SCHULZ, U.   Die Stabilität axial belasteter Zylinder-
                                schalen mit Mantelöffnung.

                                Bauingenieur 51, (1976)

Tab. 1 Beullasten von Metall- und Hostaphanzylindern

Lfd. Nr.	Werkstoff	E-Modul $\left[\frac{kp}{mm^2}\right]$	Zylinder-Maße Ø [mm]	l [mm]	t [mm]	Ausschnitt-Maße b [mm]	r [mm]	h [mm]	Ø [mm]	$\frac{b}{R \cdot \pi}$	Vorbelastung F [Mp]	F [Mp] örtlich. Beulen	Gesamt-versagen	Bemerkungen
1	Al 99,5	7000	168	500	0,5	0		0		0		1,868	1,863	Einfluß plastischer Verformung
2	"	"	"	"	"	26,4	5	20		0,1		0,888	0,978	
3	"	"	"	"	"	26,4	5	20		0,1		1,056	= max.	
4	"	"	"	"	"	26,4	5	20		0,1		0,957	1,038	
5	"	"	"	"	"	39,6	7,5	30		0,15		0,898	0,847	
6	"	"	"	"	"	39,6	7,5	30		0,15		0,82		
7	"	"	"	"	"	39,6	7,5	30		0,15		0,85	0,833	
8	"	"	"	"	"	39,6	7,5	30		0,15	ohne Ausschnitt belastet bis	0,775	0,785	
9	"	"	"	"	"	52,8	10	40		0,2		0,6	= max.	
10	"	"	"	"	"	52,8	10	40		0,2		0,642	= max.	
11	"	"	"	"	"	52,8	10	40		0,2		0,574	0,575	
12	"	"	"	"	"	52,8	10	40		0,2		0,649	= max.	
13	AlCuMg 1	7350	"	"	"	0		0		0		3,1		
14	"	"	"	355	"	13,2	2,5	10		0,05	3,1	1,75	1,85	
15	"	"	"	500	"	13,2	2,5	10		0,05	3,1	1,66	2,21	
16	"	"	"	"	"	13,2	2,5	10		0,05	3,1	1,95	2,27	
17	"	"	"	"	0,5	13,2	2,5	10		0,05	3,1	2,08	2,47	
18	"	"	"	"	0,6	26,4	5	20		0,1		2,375	2,713	
19	"	"	"	"	0,6	26,4	5	20		0,1		2,763		
20	"	"	"	"	0,5	26,4	5	20		0,1	3,1	1,25	1,66	
21	"	"	"	400	"	26,4	5	20		0,1	3,1	1,5	1,89	
22	"	"	"	500	"	26,4	5	20		0,1	3,1	1,68	2,11	

| Lfd. Nr. | Werkstoff | E-Modul $\left[\frac{kp}{mm^2}\right]$ | Zylinder-Maße | | | Ausschnitt-Maße | | | | $\frac{b}{R \cdot \pi}$ | Vorbe-lastung F $[M_p]$ | $\frac{F}{[M_p]}$ | | Bemerkungen |
			Ø [mm]	l [mm]	t [mm]	b [mm]	r [mm]	h [mm]	Ø [mm]			örtlich. Beulen	Gesamt-versagen	
23	ALCuMg 1	7350	168	500	0,5	26,4	5	20		0,1	3,1	1,41	1,83	
24	"	"	"	"	0,5	39,6	8	30		0,15		1,25	1,431	
25	"	"	"	"	0,5	39,6	8	30		0,15		2,081		
26	"	"	"	"	0,6	39,6	8	30		0,15		1,74	2,069	
27	"	"	"	"	0,6	39,6	8	30		0,15		1,25	1,29	
28	"	"	"	"	0,5	39,6	8	30		0,15	3,1	1,21	1,29	
29	"	"	"	"	"	39,6	8	30		0,15	3,1	1,04	1,35	
30	"	"	"	"	"	39,6	8	30		0,15	3,1	1,19	1,33	
31	"	"	"	"	"	52,8	10	40		0,2		0,93	1,068	
32	"	"	"	"	0,5	52,8	10	40		0,2		0,85	1,03	
33	"	"	"	"	0,6	52,8	10	40		0,2		1,5	1,5	
34	"	"	"	"	"	52,8	10	40		0,2		1,175	1,425	
35	"	"	"	"	0,6	52,8	10	40		0,2		1,575	1,554	
36	"	"	"	"	0,5							3,1		Zylinder nach Vorbelastung mit Ausschnitt versehen
37	"	"	"	"	"				25			2,25	2,67	
38	"	"	"	"	"				50			1,95	2,31	
39	"	"	"	"	"				50			1,725	2,188	
40	"	"	"	"	"				50			1,85	2,31	
41	"	"	"	"	"				75			1,55	1,81	
42	"	"	"	"	"				75			1,512	1,83	
43	"	"	"	"	"				75			1,6	1,77	

Lfd. Nr.	Werkstoff	E-Modul $\left[\dfrac{kp}{mm^2}\right]$	Zylinder-Maße Ø [mm]	l [mm]	t [mm]	Ausschnitt-Maße b [mm]	r [mm]	h [mm]	Ø [mm]	$\dfrac{b}{R \cdot \pi}$	Vorbelastung F $\left[M_p\right]$	$F\left[M_p\right]$ örtlich. Beulen	Gesamt-versagen	Bemerkungen
44	AlCuMg 1	7350	440	500	0,5				75			2,7	= max.	
45	"	7350	"	500	0,5				75			2,5	= max.	
46	"	"	"	"	"				75			2,34 }	= max.	1. Belastung
47	"	"	440	"	"				75			1,875 } 1 Zylinder		2. Belastung
48	"	"	168	"	"				100			1,25	1,3	
49	"	"	"	"	"				100			1,15	1,27	
50	"	"	168	"	"				100			1,1	1,27	
51	"	"	440	"	"				150			1,34	1,40	
52	"	"	440	"	"				150			1,875		
53	linearer	556,3	168	"	0,35							0,089		
54	Polyester	"	"	"	"							0,141		
55	(Hostaphan)	"	"	"	"							0,121		
56	"	"	"	"	"							0,117		
57	"	"	"	"	"							0,093		
58	"	"	"	"	"							0,117		
59	"	"	"	"	"							0,136		
60	"	"	"	"	"	13,2	2,5	10		0,05		0,053		
61	"	"	"	"	"	26,4	5	20		0,1		0,046		
62	"	"	"	"	"	39,6	7,5	30		0,15		0,036		

Lfd. Nr.	Werkstoff	E-Modul [kp/mm²]	Zylinder-Maße Ø [mm]	l [mm]	t [mm]	Ausschnitt-Maße b [mm]	r [mm]	h [mm]	Ø [mm]	$\frac{b}{R \cdot \pi}$	Vorbelastung F [Mp]	$[M_p^F]$ örtlich. Beulen	Gesamt-versagen	Bemerkungen
63	AL Cu Mg 1	7350	168	500	0,5	13,2	5,0	10,0		0,05		2,200	2,300	
64	"	"	"	"	"	"	"	"		"		1,750	2,000	
65	"	"	"	"	"	26,3	5,0	20,0		0,1		1,380	1,660	
66	"	"	"	"	"	"	"	"		"		1,350	2,000	
67	"	"	"	"	"	39,5	7,5	30,0		0,15		1,200	1,570	
68	"	"	"	"	"	"	"	"		"		1,000	1,330	
69	"	"	"	"	"				50			1,520	2,000	
70	"	"	"	"	"				"			1,500	1,950	
71	"	"	"	"	"				75			1,420	1,700	
72	"	"	"	"	"				"			1,400	1,600	
73	"	"	"	"	"				100			1,000	1,200	
74	"	"	"	"	"				"			0,970	1,140	
75	"	"	"	"	"	10,0	5,0	13,2		0,038		2,520	2,740	
76	"	"	"	"	"	"	"	"		"		2,100	2,560	
77	"	"	"	"	"	20,0	"	26,4		0,076		1,080	2,000	
78	"	"	"	"	"	"	"	"		"		0,570	2,150	
79	"	"	"	"	"	30,0	7,5	39,6		0,114		1,200	1;700	
80	"	"	"	"	"	"	"	"		"		1,000	1,520	

Lfd. Nr.	Werkstoff	E-Modul $\left[\dfrac{kp}{mm^2}\right]$	Zylinder-Maße			Ausschnitt-Maße				$\dfrac{b}{R \cdot \pi}$	Vorbe-lastung F [M_p]	F [M_p]		Bemerkungen
			Ø [mm]	l [mm]	t [mm]	b [mm]	r [mm]	h [mm]	Ø [mm]			örtlich. Beulen	Gesamt-versagen	
81	AL CU Mg 1	7350	168	500	0,5							0,77	1,285	Nr. 81 + 93 auf kombinierte Längskraft- u. Biegebelastung beansprucht. Punktlast bei R = 83 mm aufgebracht.
82	"	"	"	"	"	13,2	5,0	10,0		0,05		0,725	0,800	
83	"	"	"	"	"				50			0,570	0,780	
84	"	"	"	"	"				75			0,560	0,720	
85	"	"	"	"	"	26,4	5,0	20,0		0,1		0,520	0,765	
86	"	"	"	"	"	39,6	7,5	30,0		0,15		0,460	0,600	
87	"	"	"	"	"				100			0,435	0,520	
88	"	"	"	"	"				50			0,550	0,830	
89	"	"	"	"	"				75			0,550	0,640	
90	"	"	"	"	"				100			0,450	0,540	
91	"	"	"	"	"	13,2	5,0	10,0		0,05		0,690	0,870	
92	"	"	"	"	"	26,4	5,0	20,0		0,1		0,550	0,850	
93	"	"	"	"	"	39,6	7,5	30,0		0,15		0,500	0,610	

Lfd. Nr.	Werkstoff	E-Modul $\left[kp/mm^2\right]$	Zylinder-Maße			Ausschnitt-Maße				$\dfrac{b}{R \cdot \pi}$	Vorbe-lastung F [Mp]	M [kpm]		Bemerkungen
			Ø [mm]	l [mm]	t [mm]	b [mm]	r [mm]	h [mm]	Ø [mm]			örtlich. Beulen	Gesamt-versagen	
94	Al Cu Mg 1	7350	168	500	0,5	13,2	5,0	10,0		0,05	$7 \cdot 10^{-3}$	83	102	Nr. 94 + 105 auf reine Biegung beansprucht.
95	"	"	"	"	"	26,4	5,0	20,0		0,1	"	67	104	
96	"	"	"	"	"	39,6	7,5	30,0		0,15	"	59	75	
97	"	"	"	"	"				50		"	80	112	
98	"	"	"	"	"				75		"	57	88	
99	"	"	"	"	"				100		"	60	75	
100	"	"	"	"	"	10,0	5,0	13,2		0,038	"	89	110	
101	"	"	"	"	"	20,0	5,0	26,4		0,076	"	65	104	
102	"	"	"	"	"	30,0	7,5	39,6		0,114	"	65	90	
103	"	"	"	"	"	13,2	5,0	10,0		0,05	"	85	101	
104	"	"	"	"	"	26,4	5,0	20,0		0,1	"	63	90	
105	"	"	"	"	"	39,6	7,5	30,0		0,15	"	56	70	

Tab. 2 Beullasten von GfK - Zylindern

GfK-Zylinder unter Axialdruck

Lfd. Nr.	E-Modul		Zylinder-Maße				$\dfrac{b_s}{2\sqrt{R \cdot t}}$	F_K	φ	Laminataufbau
	$E_{xB_{th}}$ $[\text{N/mm}^2]$	$E_{yB_{th}}$ $[\text{N/mm}^2]$	R_i $[\text{mm}]$	t $[\text{mm}]$	$\dfrac{R_m}{t}$	l $[\text{mm}]$		$[\text{N}]$	$[\%]$	
G 1	13 330	26 980	300	2,5	120,0	1000	3,86	116 867	44,9	Matte/1200-tex-Rovings (90^0)
G 2	14 573	21 082	300	3,7	81,05	1000	3,46	227 276	47,2	- " -
G 3	14 061	26 205	300	3,0	100	1000	5,73	106 311	46	- " -
G 4	12 666	21 526	300	2,9	103,5	1000	-	254 860	38,8	- " -
G 5	12 797	21 178	300	3,1	96,9	1000	3,36	151 539	38,8	- " -
G 6	13 691	24 593	300	3,0	100	1000	5,64	135 716	43,9	- " -
G 7	14 375	28 484	300	2,5	120	1000	-	190 851	48,3	- " -
G 8	14 285	23 893	300	3,2	93,8	1000	5,25	163 550	44,9	- " -
G 9	14 600	29 200	300	2,6	115,5	1000	-	195 250	42,0	- " -
G 10	15 500	31 000	300	2,8	107	1000	5,3	92 239	45	- " -
G 11	13 700	25 200	300	2,7	111	1000	3,85	108 803	37	- " -
G 12	10 690	10 930	700	4,23	116	1000		339 656	32,4	Matte/1200 tex-Rovings (90^0)
G 13	10 690	10 930	700	4,59	153	1000		384 813	32,4	- " - Gewebe
G 14	10 690	10 930	700	4,29	164	1000		329 979	32,4	- " -
G 15	11 100	12 000	700	6,68	107	1000		1 403 984	36,7	- " -
G 16	11 100	12 000	700	7,05	100	1000		1 246 037	36,7	- " -
G 17	11 100	12 000	700	6,66	106	1000		1 397 318	36,7	- " -
G 18	15 330	11 950	700	9,18	76	1000		2 197 209	40,6	- " -
G 19	15 330	11 950	700	9,3	77	1000		2 899 811	40,6	- " -
G 20	14 840	9 560	700	13,52	52	1000		4 532 923	36,6	- " -
G 21	14 840	9 560	700	13,42	53	1000		5 703 497	36,6	- " -
G 22	10 260	16 060	700	4,44	160	1000		384 474	32,4	- " -
G 23	10 260	16 060	700	4,62	152	1000		368 965	32,4	- " -
G 24	10 260	16 060	700	8,08	87	1000		1 563 133	32,4	- " -
G 25	10 260	16 060	700	8,13	87	1000		1 618 669	32,4	- " -

GfK - Zylinder unter Biegung

Lfd. Nr.	E-Modul		Zylinder-Maße				$\dfrac{b_s}{2\sqrt{R\cdot t}}$	M_b	φ	Laminataufbau
	$E_{xB_{th}}$ [N/mm^2]	$E_{yB_{th}}$ [N/mm^2]	R_i [mm]	t [mm]	$\dfrac{R_m}{t}$	l [mm]		[Nm]	[%]	
G 1	17 100	32 500	300	2,7	111,5	1000	–	43 285	48	Matte/1200 tex-Rovings (90°)
G 2	15 600	29 900	300	2,6	116	1000	–	40 579	44	– " –
G 3	15 300	30 200	300	2,8	107,8	1000	5,3	18 921	44	– " –
G 4	16 500	31 800	300	2,8	107,8	1000	5,2	22 167	47	– " –
G 5	13 800	25 800	300	2,7	111,5	1000	3,35	23 207	38	– " –
G 6	14 600	25 700	300	2,7	111,5	1000	3,35	25 650	36	– " –
G 7	19 510	22 200	200	2,43	89,2	1000	–	28 398	52	1200-tex-Rovings (45°-90°)
G 8	23 110	25 540	200	2,41	84,2	1000	–	20 472	57	– " –
G 9	20 080	22 570	200	2,49	81,3	1000	–	26 784	51	– " –
G 10	19 510	22 220	200	2,48	81,6	1000	3,305	16 454	49	– " –
G 11	17 420	19 830	200	2,53	80	1000	3,605	17 835	45	– " –
G 12	18 290	20 510	200	2,7	74,9	1000	5,13	19 950	47	– " –
G 13	16 580	35 470	200	2,06	98,4	1000	–	15 402	50	1200 tex-Rovings(90°-0°)/Matten
G 14	17 310	33 430	200	1,86	109,5	1000	3,72	8 764	48	– " –
G 15	16 590	36 210	200	2,02	100,3	1000	3,7	8 655	51	– " –
G 16	9 730	24 250	300	3,2	93,7	1000	–	45 962	46,5	2400-tex-Rovings(90°)/UD-Gewebe
G 17	9 850	19 440	300	2,33	129	1000	–	35 311	40,5	1200-tex-Rovings(90°)/UD-Gewebe
G 18	7 290	23 840	300	2,97	101	1000	–	48 873	47,0	2400-tex-Rovings(90°)/UD-Gewebe
G 19	11 540	30 100	300	3,83	78	1000	–	63 783	56,5	2400-tex-Rovings(90°)/Glasseidenm.
G 20	8 620	25 640	300	2,9	103	1000	–	51 083	48	– " –
G 21	8 940	25 030	300	2,37	126	1000	–	50 927	43,5	1200-tex-Rovings(90°)/Glasseidenm.
G 22	4 630	18 680	300	1,73	173	1000	–	11 788	41,0	2400-tex-Rovings (90°)
G 23	5 600	14 150	300	1,4	214	1000	–	6 214	37	1200-tex-Rovings (90°)
G 24	6 130	1 510	300	1,43	209	1000	–	6 226	36	– " –

Tab. 3 Winkeländerungen der Zylinder - Endscheiben
kurz vor dem örtlichen Beulen und dem Gesamtbeulen

Bezeichnungen siehe Tab. 1

Lfd. Nr.	Ausschnittmaße				$\dfrac{b}{R \cdot \pi}$	örtl. Beulen		Gesamtversagen	
	b [mm]	r [mm]	h [mm]	Ø [mm]		F [kp]	$\widehat{\varphi}$ [$\times$ 10^{-4}]	F [kp]	$\widehat{\varphi}$ [$\times$ 10^{-4}]
63	13,2	5,0	10,0		0,05	2200	6,5	2300	312,0
64	13,2	5,0	10,0		0,05	1750	1,5	2000	125,0
65	26,3	5,0	20,0		0,1	1380	11,0	1660	252,0
66	26,3	5,0	20,0		0,1	1350	10,0	2000	192,0
67	39,5	7,5	30,0		0,15	1200	23,0	1570	162,0
68	39,5	7,5	30,0		0,15	1000	28,0	1330	140,0
69				50,0	0,095	1520	6,5	2000	164,0
70				50,0	0,095	1500	6,5	1950	156,0
71				75,0	0,142	1420	17,5	1700	160,0
72				75,0	0,142	1400	22,5	1600	128,0
73				100,0	0,189	1000	22,0	1200	124,0
74				100,0	0,189	970	26,0	1140	180,0
75	10,0	5,0	13,3		0,038	2520	10,0	2740	357,6
76	10,0	5,0	13,3		0,038	2100	8,0	2560	248,0
77	20,0	5,0	26,4		0,076	1380	17,0	2000	232,0
78	20,0	5,0	26,4		0,076	1600	24,0	2150	148,8
79	30,0	7,5	39,5		0,114	1200	31,0	1700	252,0
80	30,0	7,5	39,5		0,114	1000	33,6	1520	232,0

9. Abbildungen

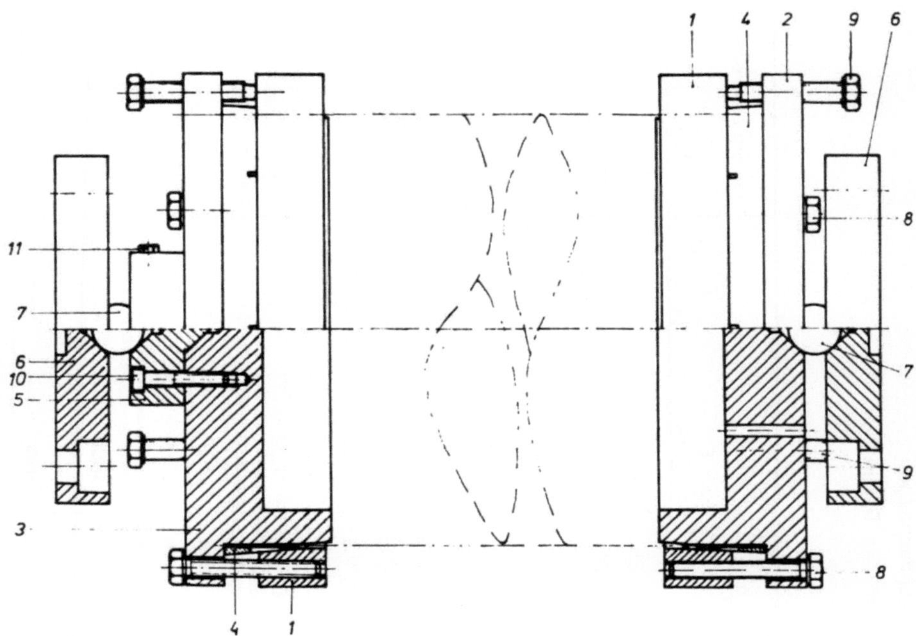

Abb. 1   Einspannvorrichtung für zentrische Druckbeanspruchung

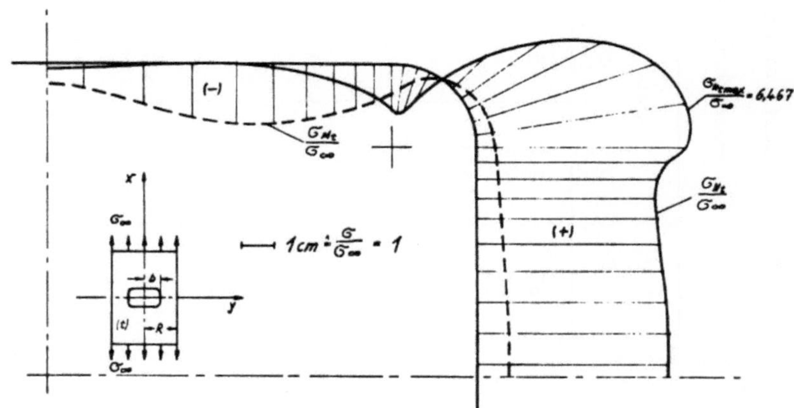

Abb. 2   Spannungsverteilung entlang des Randes eines Rechteckaus-
schnittes in einer Zylinderschale unter Längsbeanspruchung

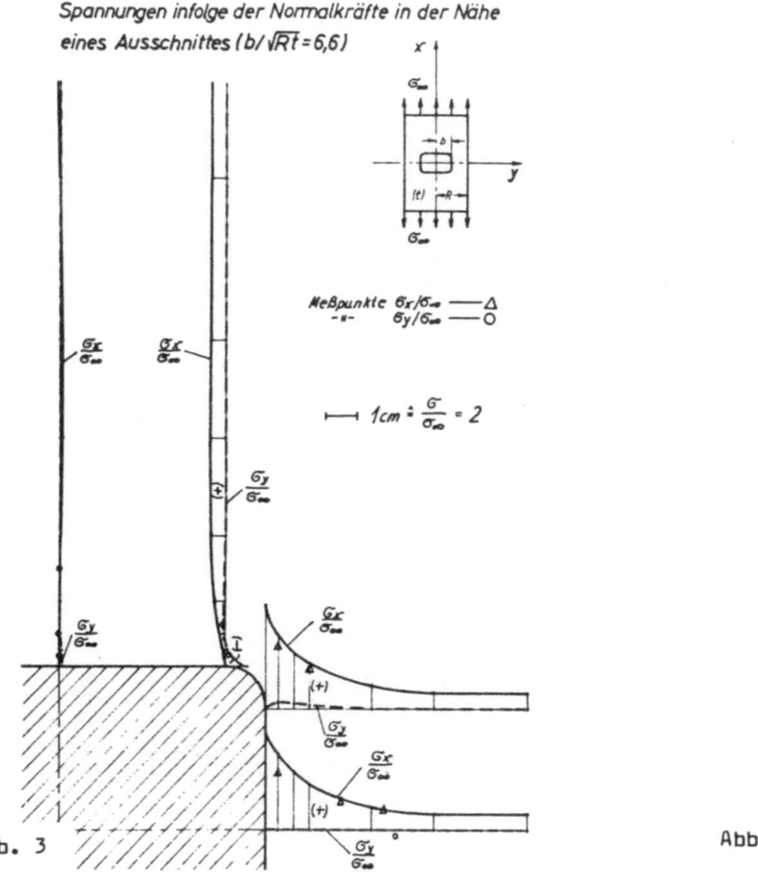

Normalspannungsverteilung um Rechteckausschnitt in einer Zylinderschale unter Längsbeanspruchung

Biegespannungsverteilung um Rechteckausschnitt in einer Zylinderschale unter Längsbeanspruchung

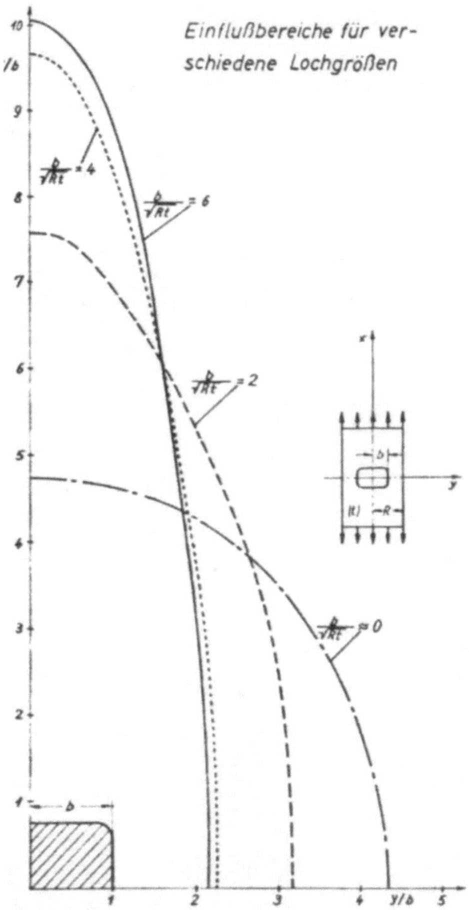

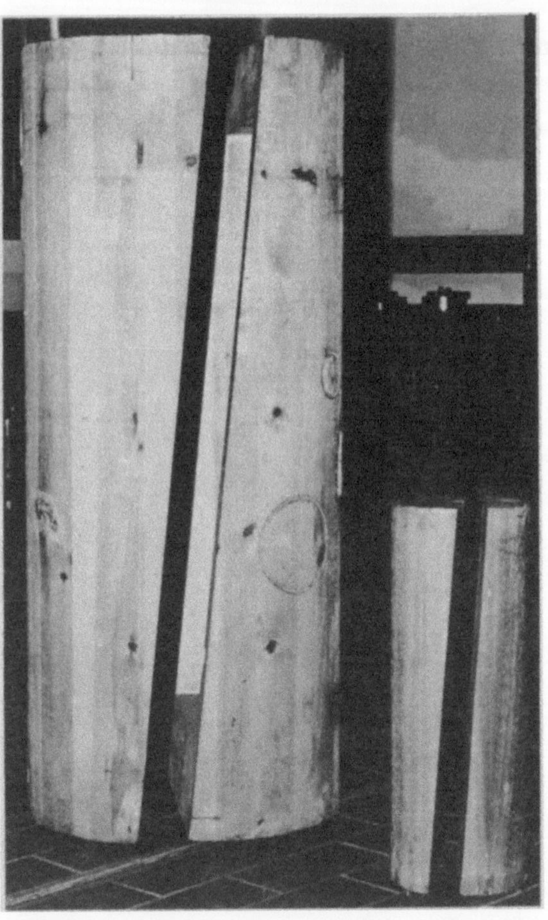

Abb. 5

Linien für 10 %-igen Störeinfluß durch einen Ausschnitt
in einer Zylinderschale unter Längsbeanspruchung

Abb. 6   Holzkerne

Abb. 7 Meßvorrichtung zur Ermittlung der
Vorbeulenverteilung über den Zylinderumfang

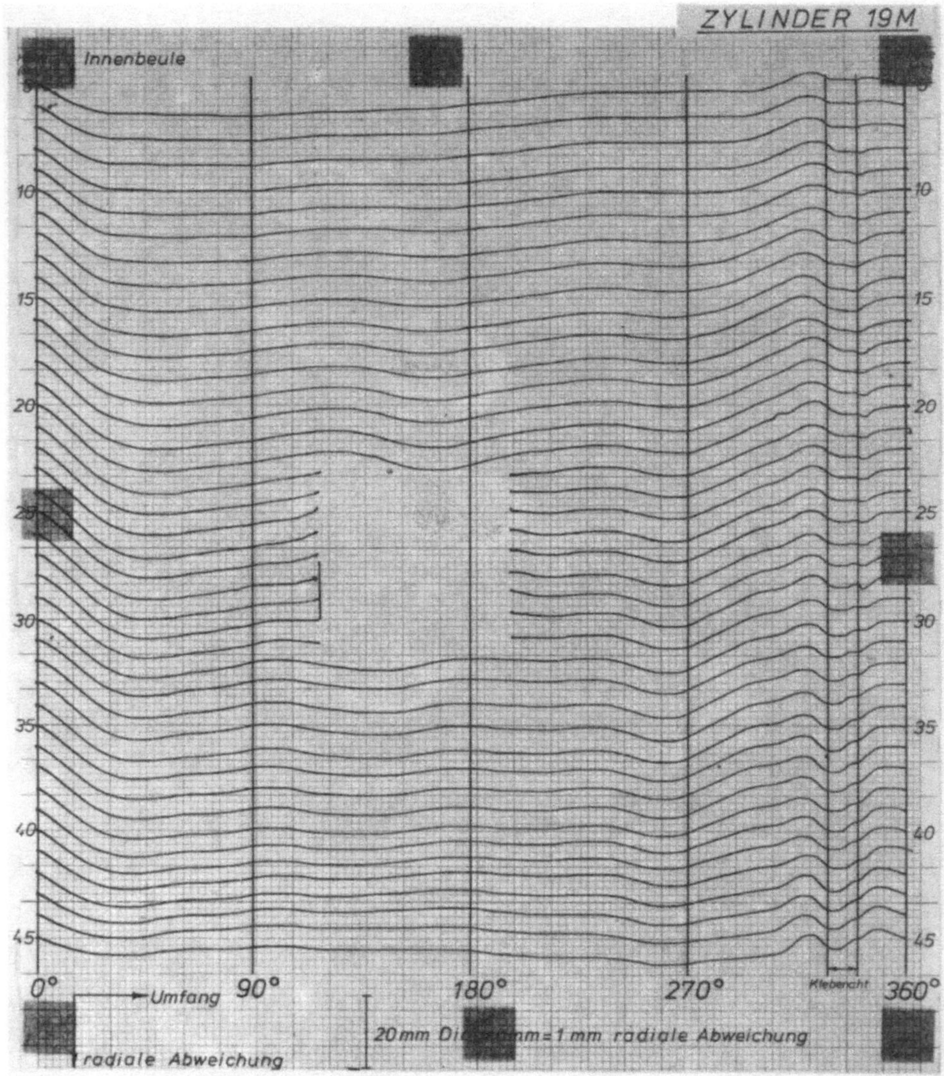

Abb. 8 Gemessene Vorbeulenverteilung eines Aluminiumzylinders

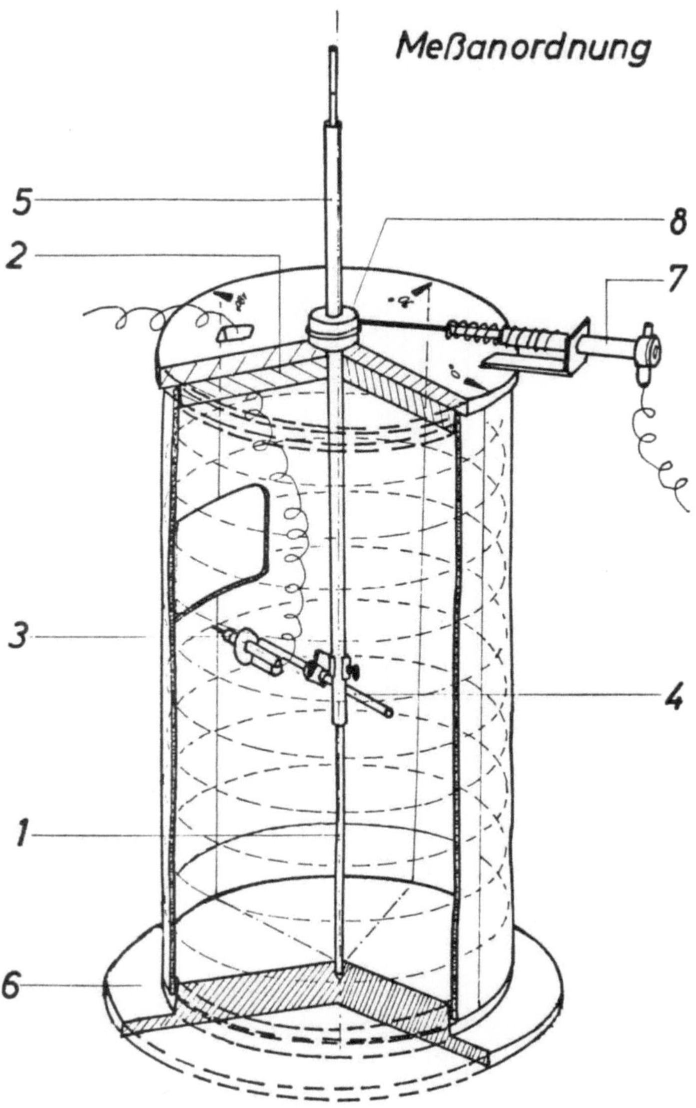

Abb. 9   Meßvorrichtung zur Ermittlung der Vorbeulenverteilung
           über dem Zylinderumfang

    Pos.1 Zentrierstab
    Pos.2 Holzronde
    Pos.3 induktiver Wegaufnehmer
    Pos.4 Befestigungsgestänge
    Pos.5 Führungsrohr
    Pos.6 Stahlronde
    Pos.7 induktiver Wegaufnehmer
    Pos.8 Holztrommel

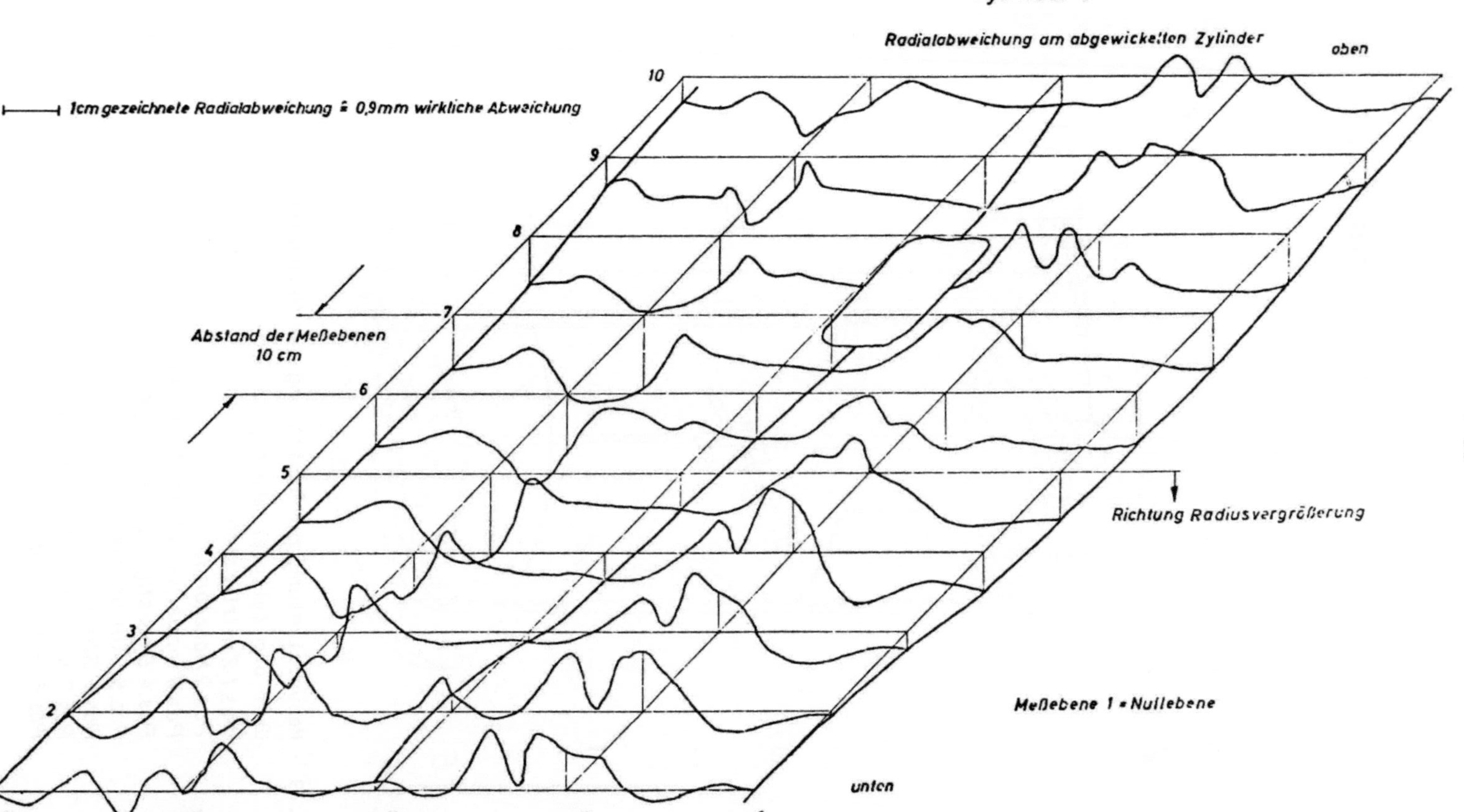

Abb. 10   Gemessene Vorbeulenverteilung auf der Mantelinnenseite

Der Meßaufbau

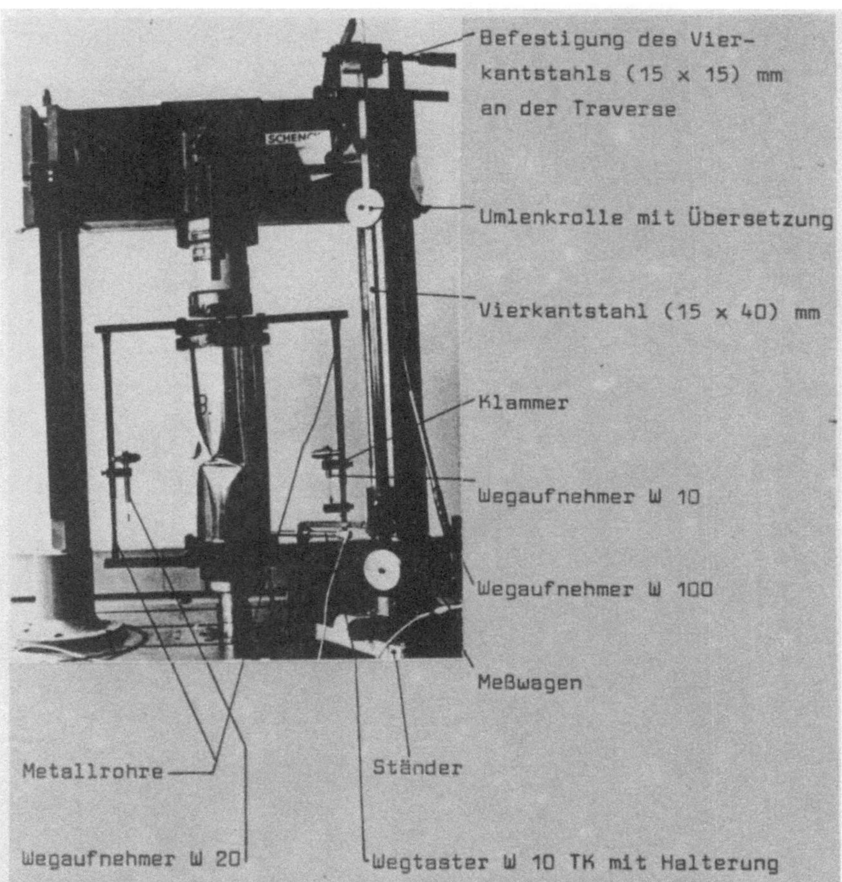

Abb. 11 Meßvorrichtung zur Ermittlung der gegenseitigen
         Winkeländerung der Zylinderenden

Der Meßwagen

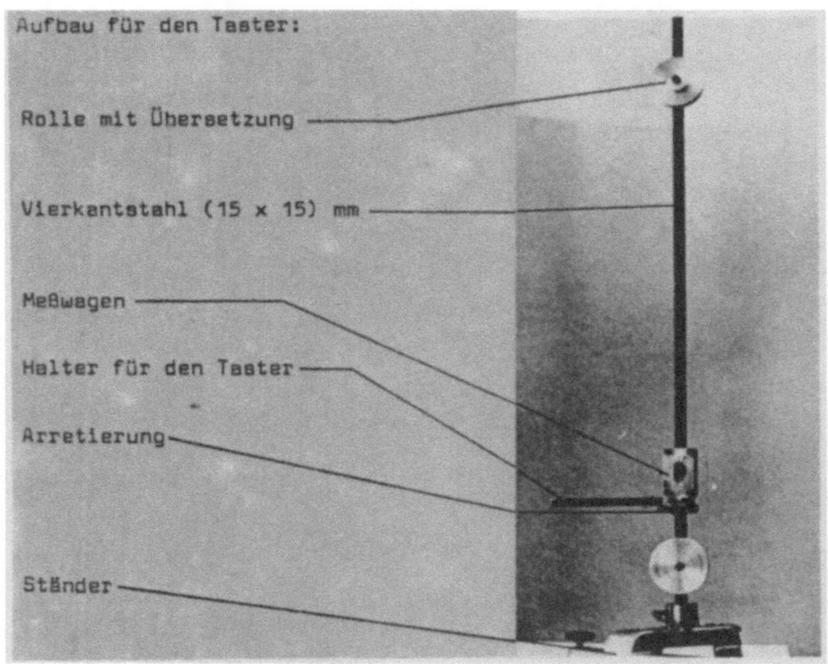

Abb. 12   Meßvorrichtung zur Ermittlung der Vorbeulen
entlang der Zylindermantellinien

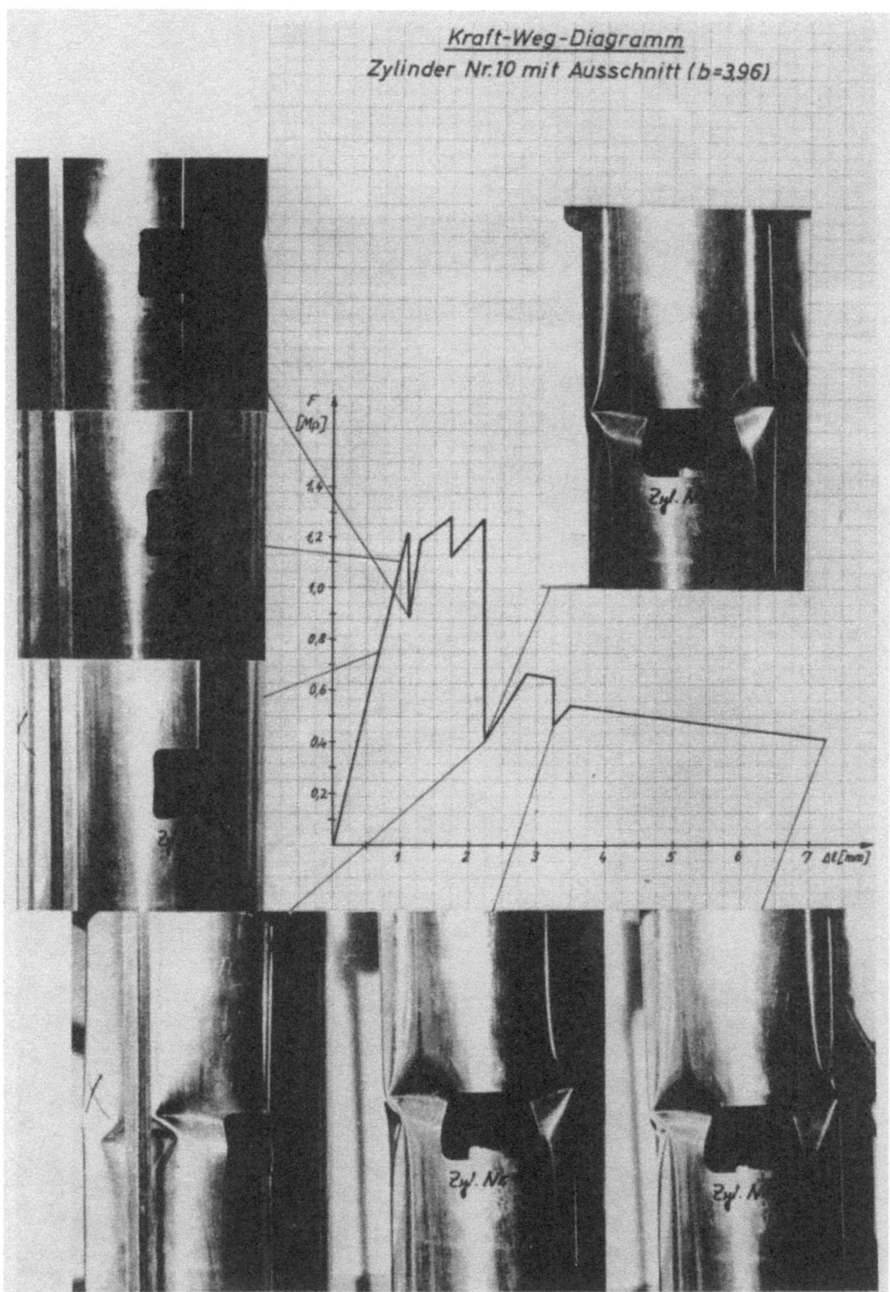

Abb. 13   Kraft-Weg-Diagramm für einen Metallzylinder mit querliegendem Rechteckausschnitt (b/ Rt=3,96) unter zentrischer Längsdruckbeanspruchung. (R/t=168)

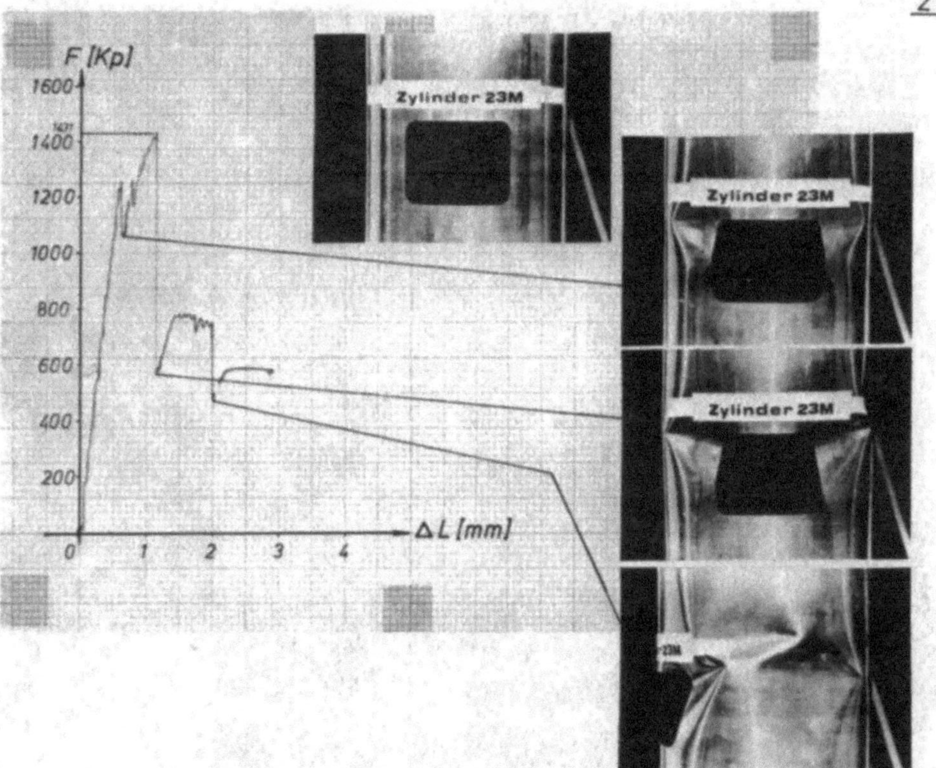

Abb. 14   Kraft-Weg-Diagramm für einen Zylinder mit den gleichen Abmessungen
wie in Abb. 13

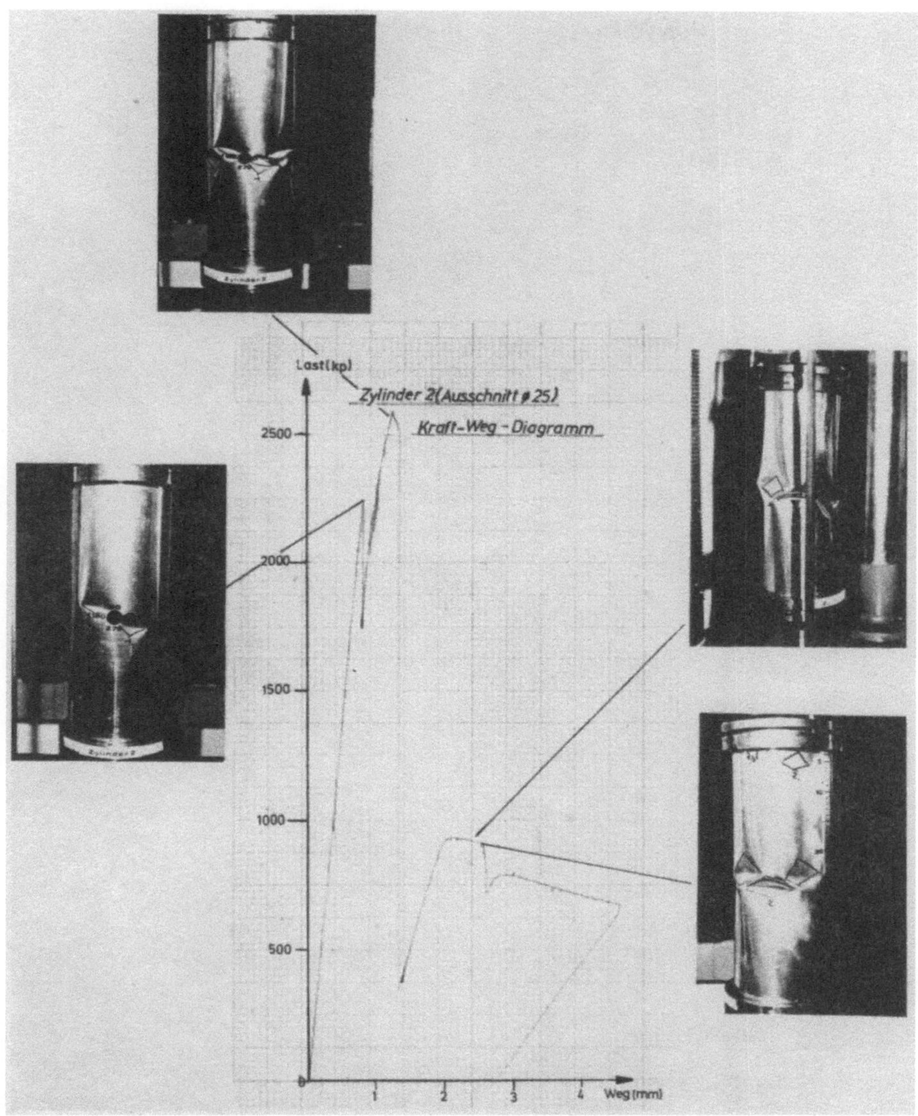

Abb. 15 Kraft-Weg-Diagramm für einen Zylinder mit kleinem
Kreisausschnitt unter zentrischer Längsdruckbeanspruchung

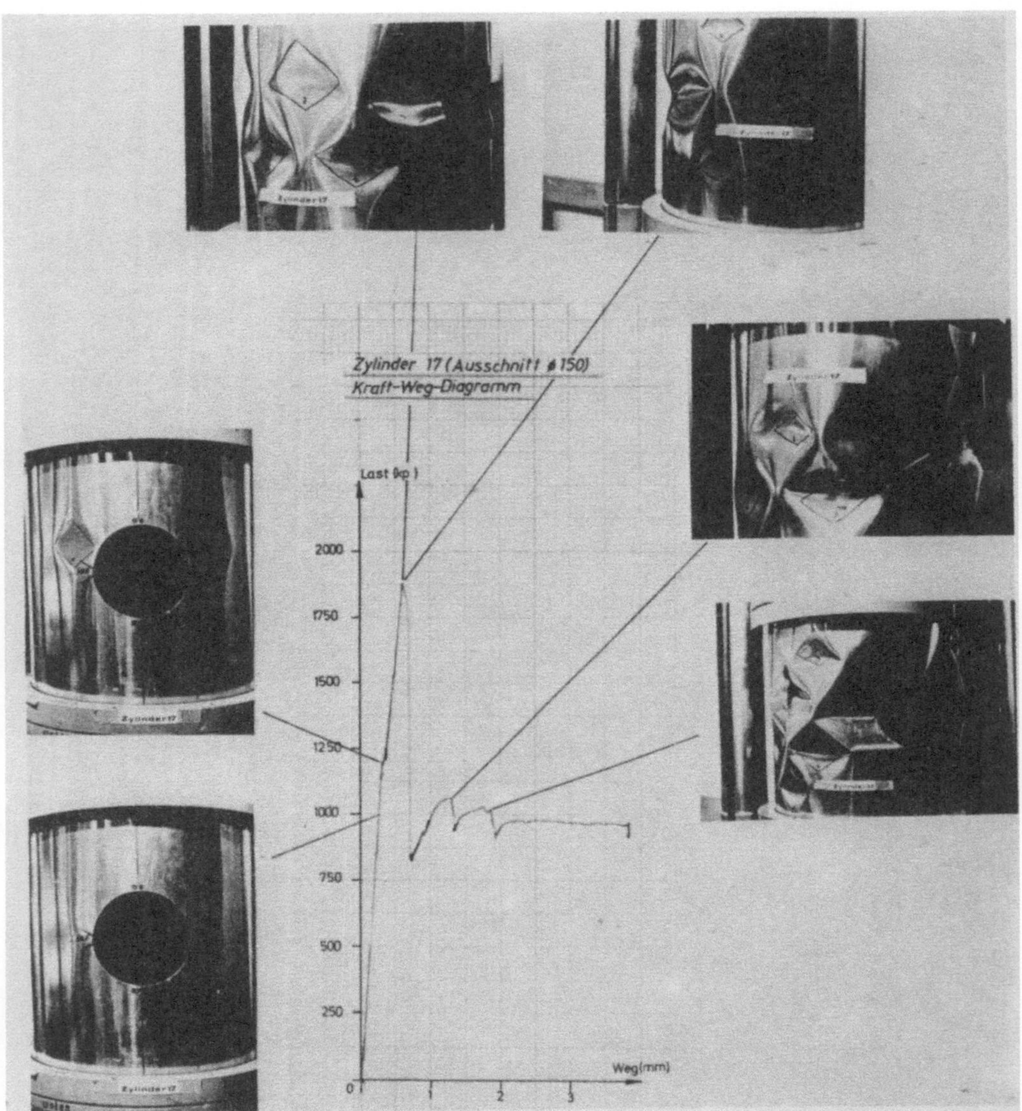

Abb 16 Kraft-Weg-Diagramm für einen Metallzylinder mit großem Kreisausschnitt unter zentrischer Längsdruckbeanspruchung. (R/t=440)

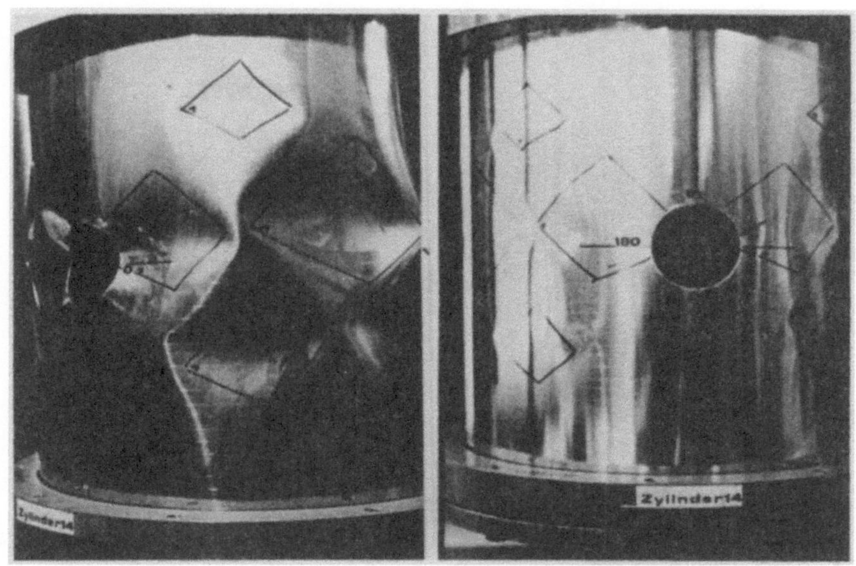

Abb. 17 Zylinder während und nach der Belastung. (R/t=440)

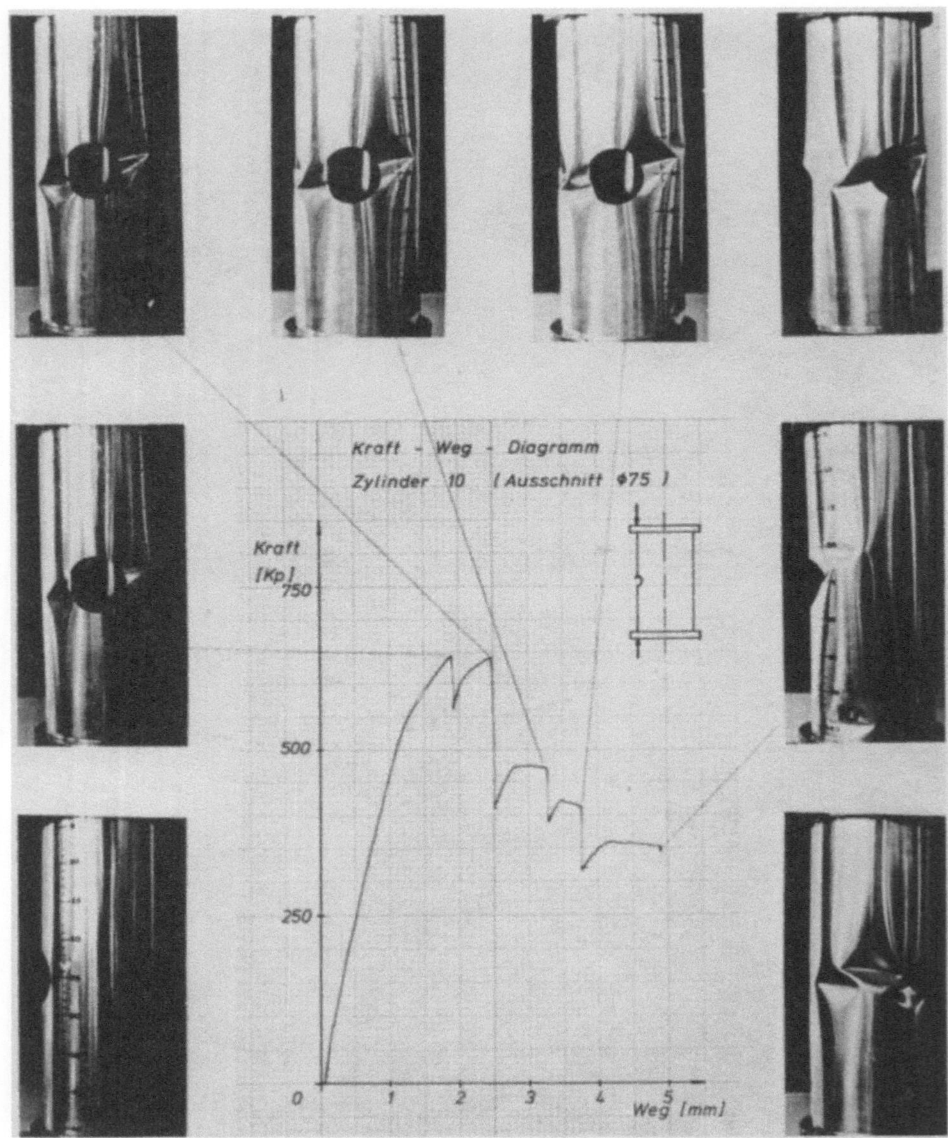

Abb. 18 Kraft-Weg-Diagramm bei exzentrischer Längsdruckbeanspruchung.
(e=R≙ Last über der Mantellinie durch die Lochmitte)

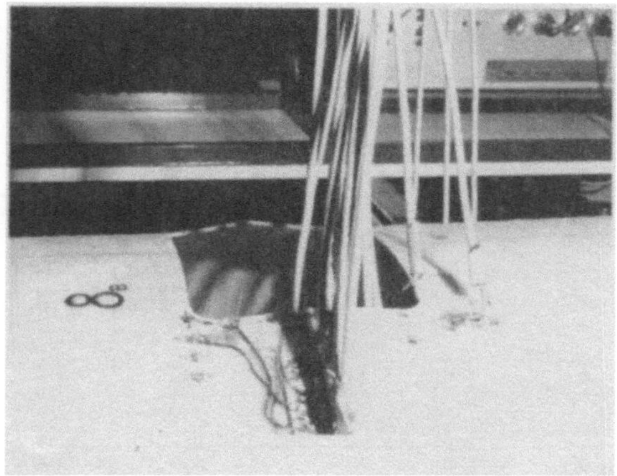

Abb. 19 Ausbiegen der Lochlängsseiten bei GFK-Zylindern

Abb. 20 Laminatbruch in einem GFK-Zylinder

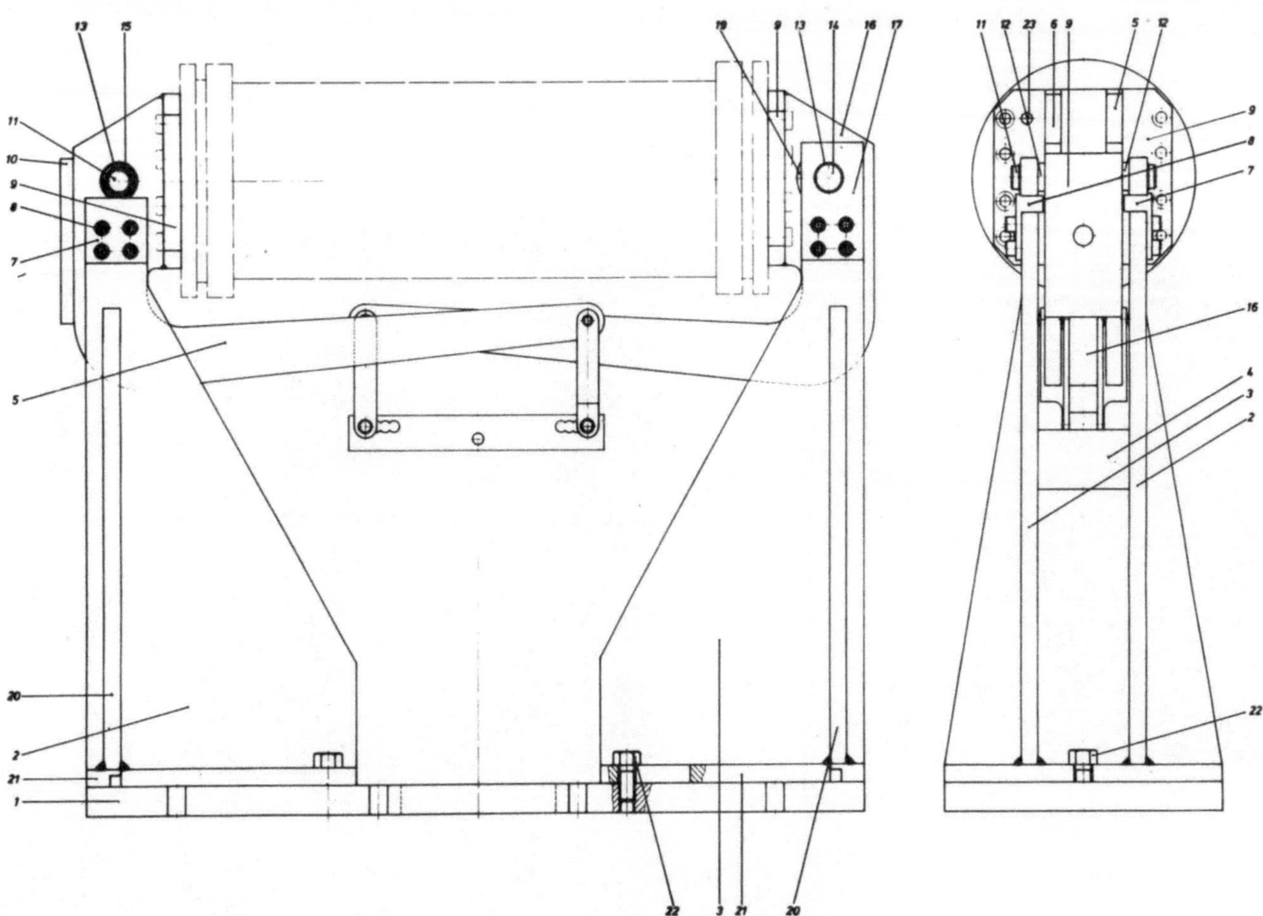

Abb. 21 Biegevorrichtung für reine Biegebeanspruchung

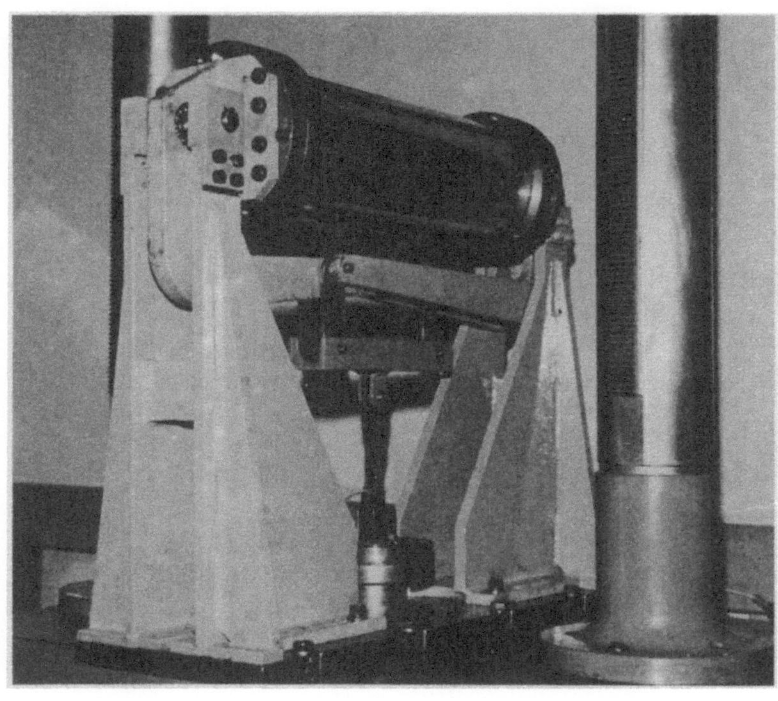

Abb. 22   Versuchsaufbau zur Bestimmung der Beullasten unter reiner
          Biegung

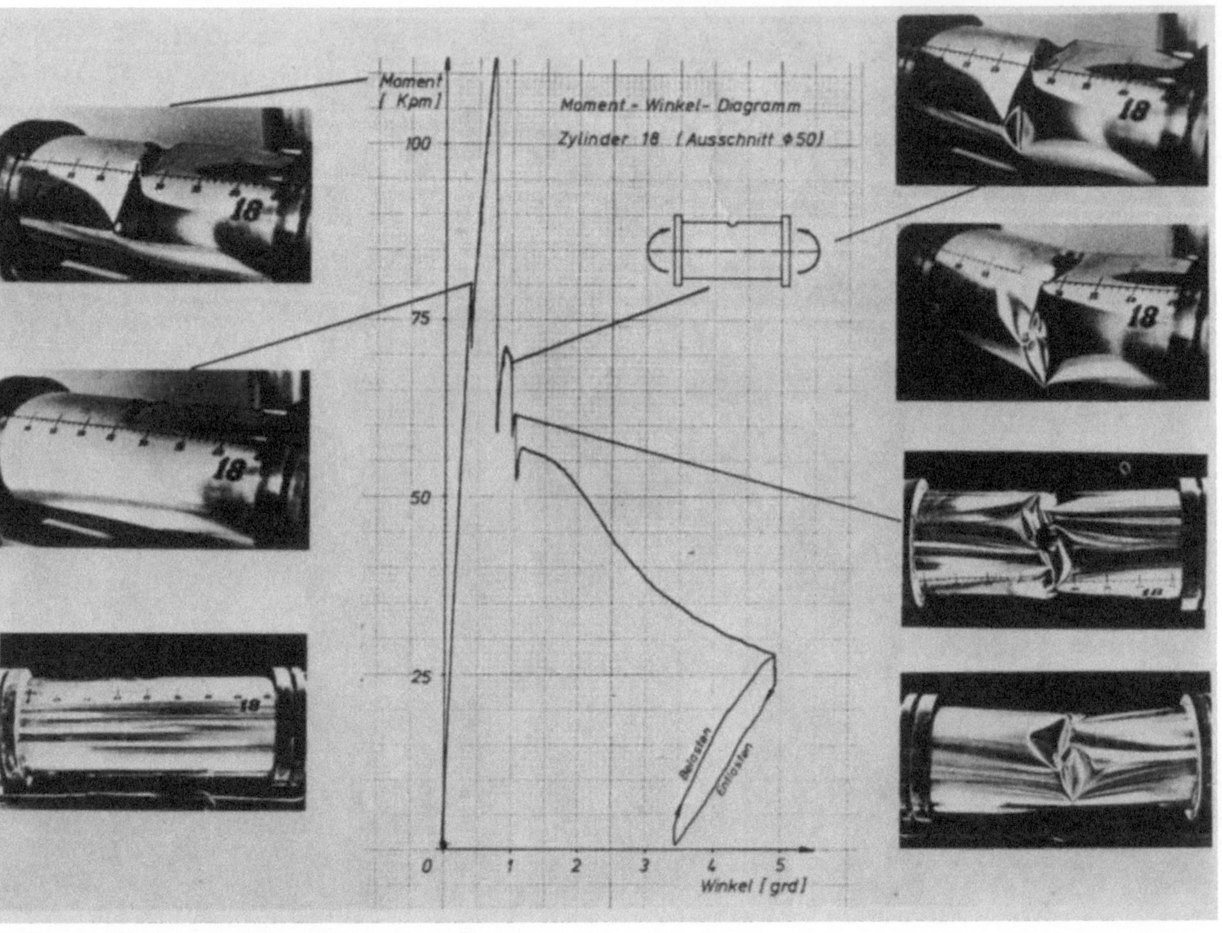

Abb. 23   Momenten-Winkel-Diagramm für einen Metallzylinder
unter reiner Biegebeanspruchung

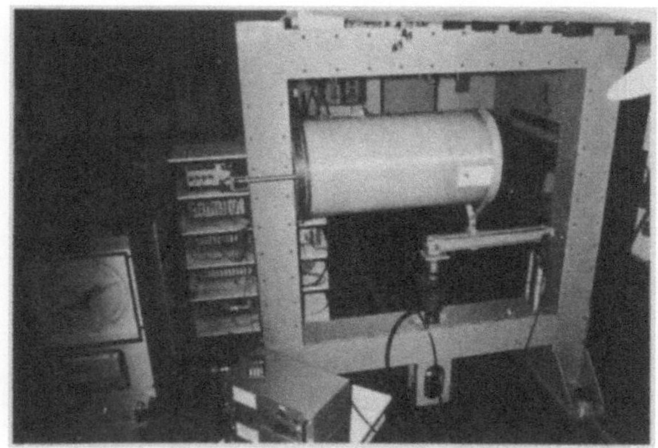

Abb. 24   Versuchsaufbau zur Bestimmung der Beullasten
von GFK Zylindern unter Querkraftbiegung

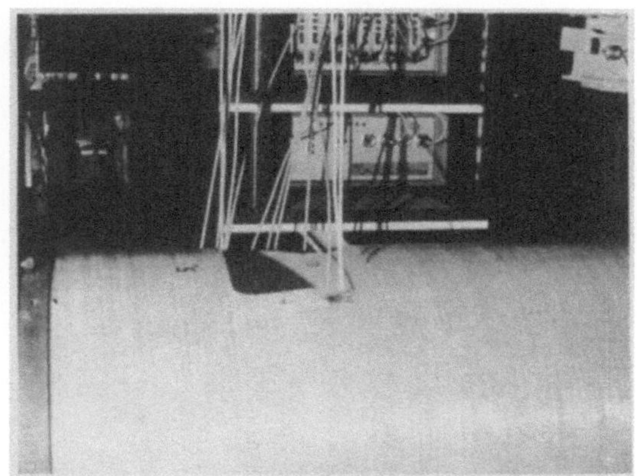

Abb. 25   Lage der Ausschnitte bei GFK-Zylindern
unter Querkraft-Biege-Beanspruchung

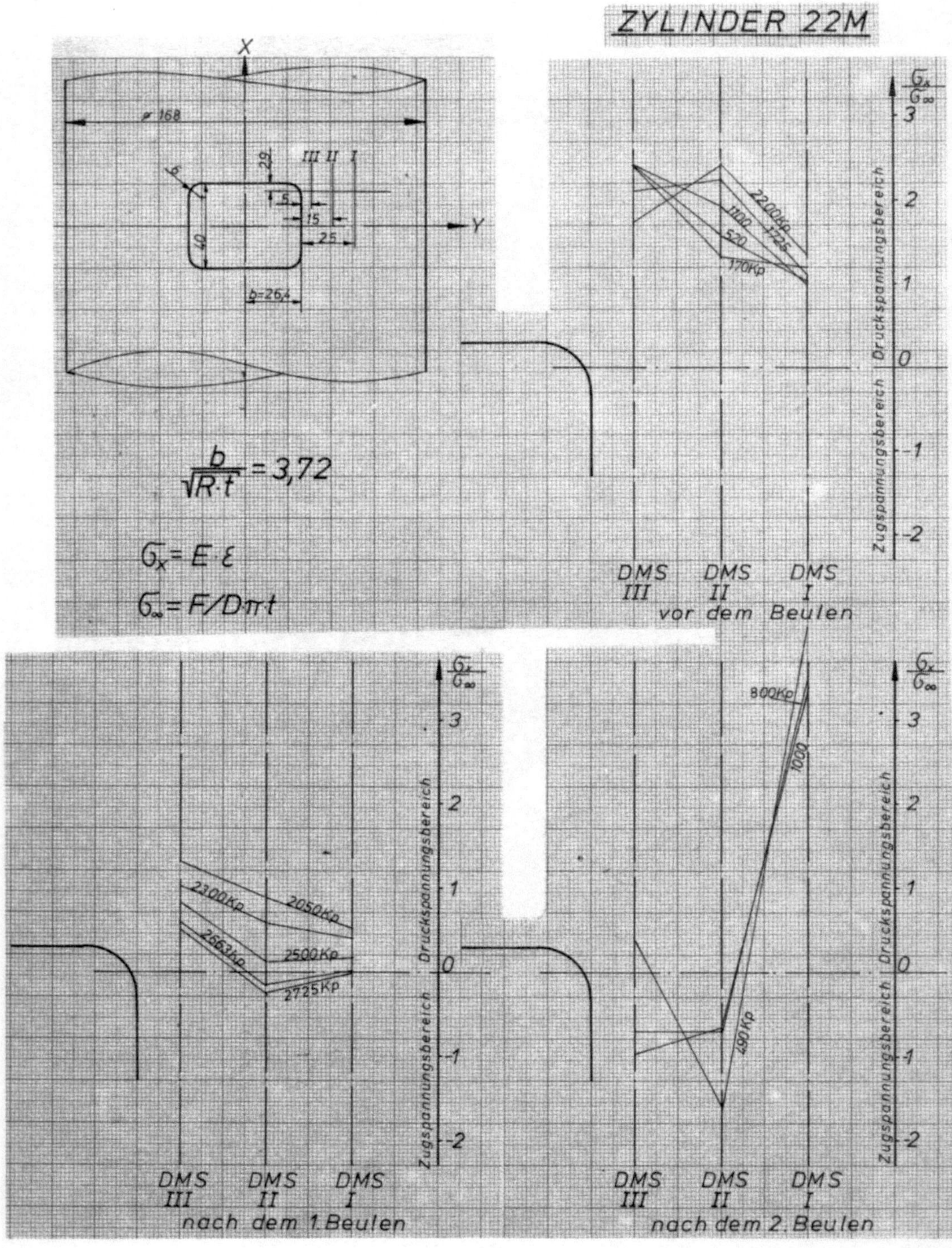

Abb. 26   Gemessene Spannungsumlagerung im Lochbereich von Metallzylindern.
(eingetragen ist nur der Normalspannungsanteil)

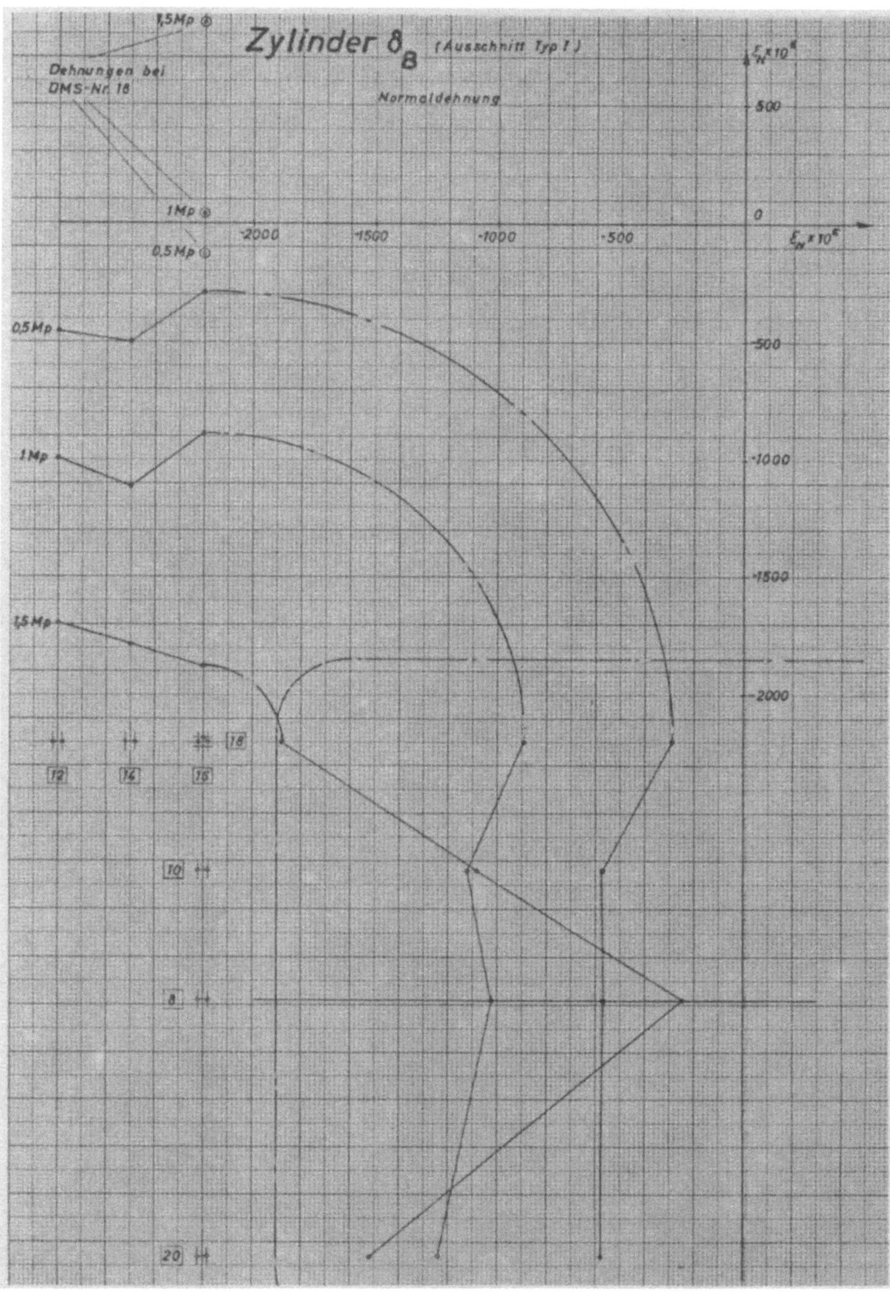

Abb. 27   Spannungsumlagerung im Lochbereich bei GFK-Zylindern

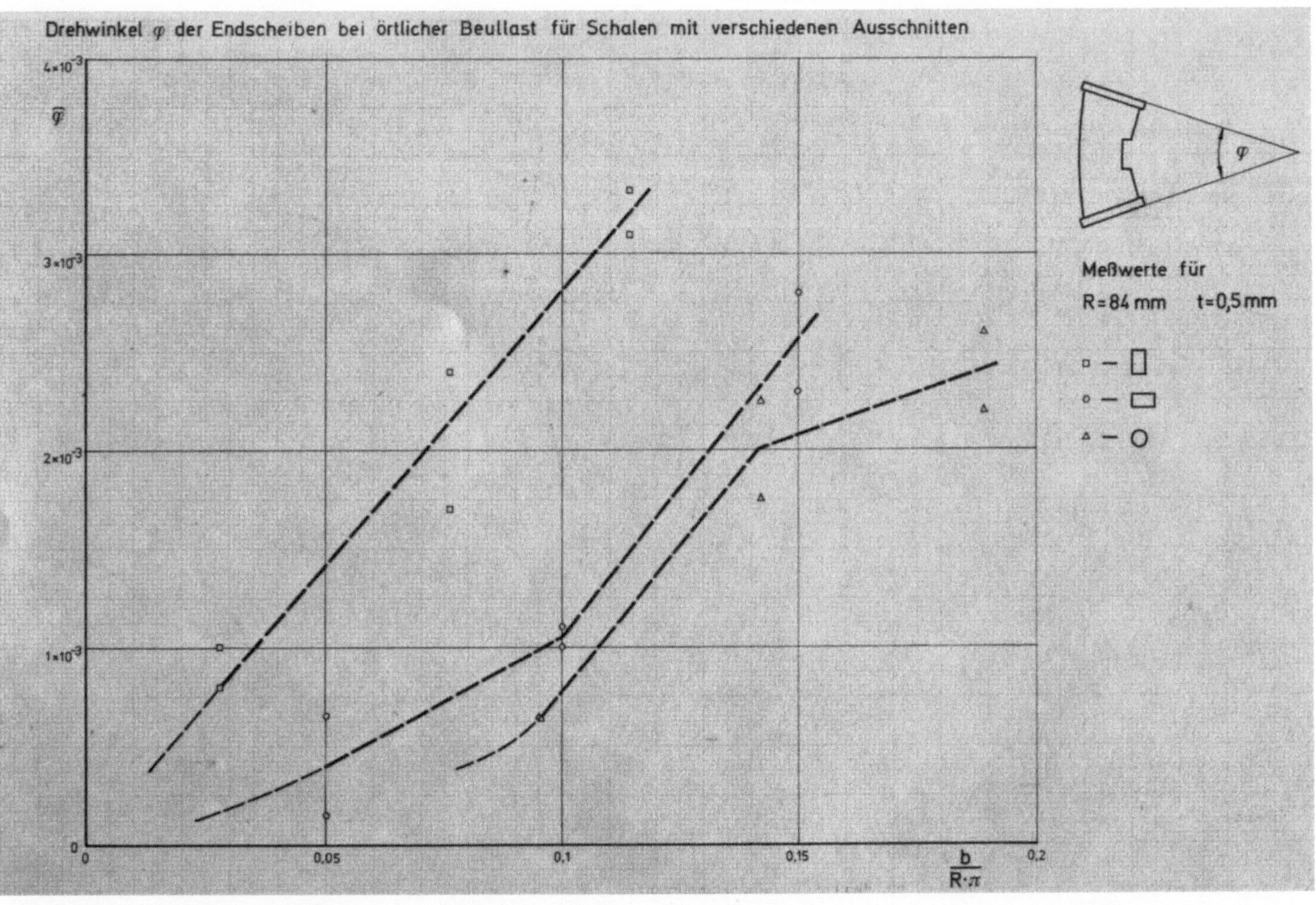

Abb. 28   Größe der Winkeldrehungen der Zylinderendscheiben kurz vor dem Einspringen örtlicher Beulen

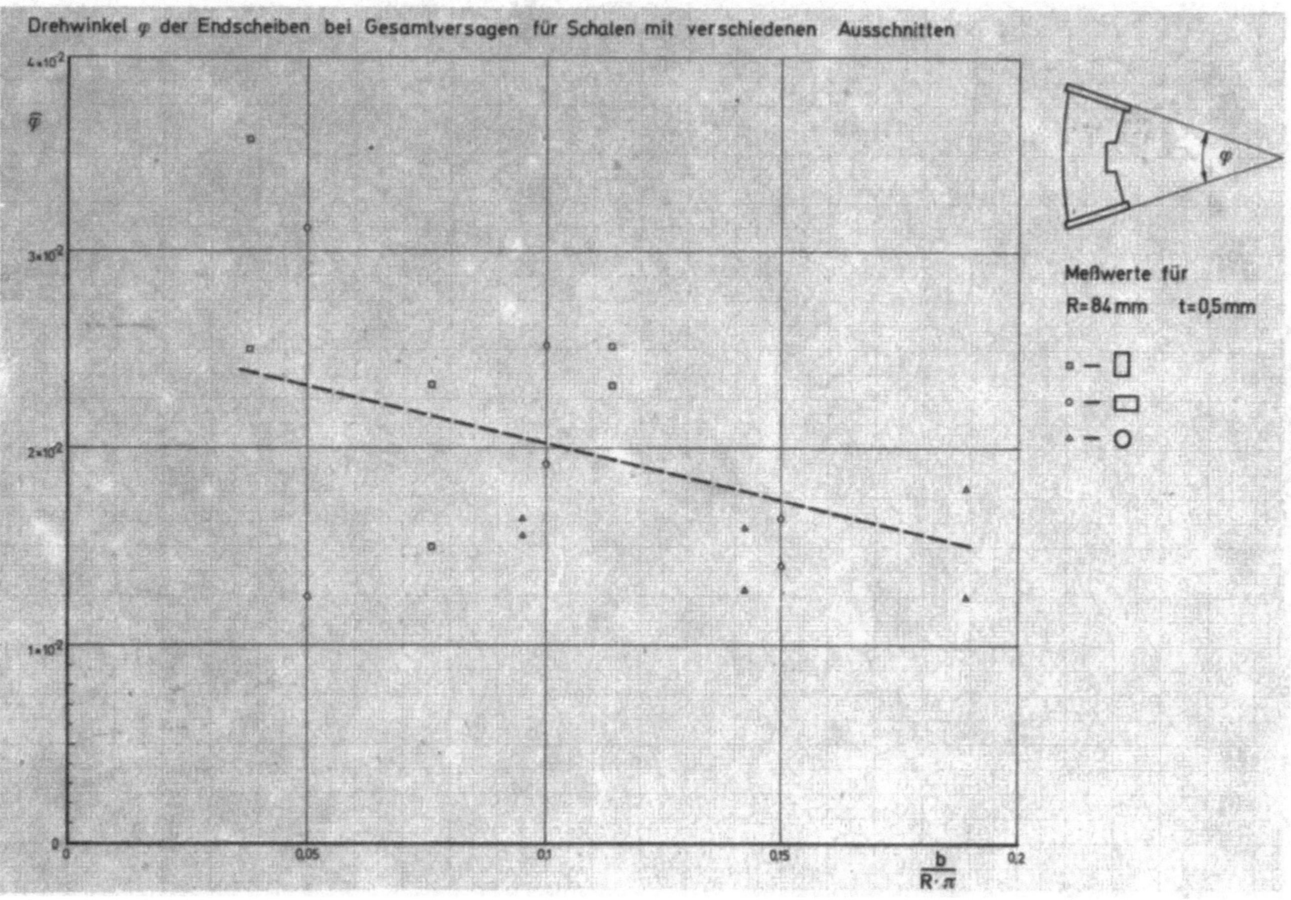

Abb. 29   Größe der Winkeldrehungen der Zylinderendscheiben kurz vor dem Gesamtbeulen

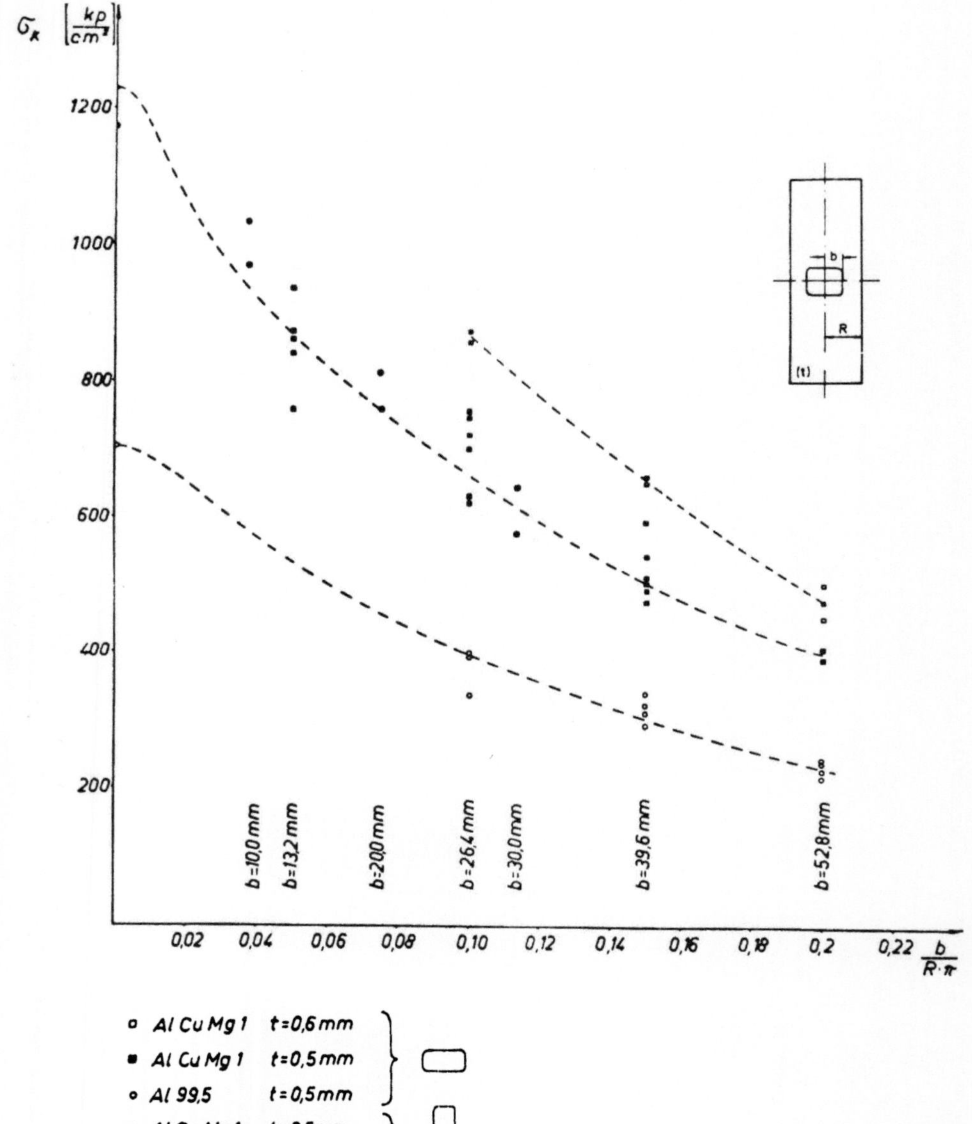

Abb. 30   Beullasten als Funktion der Lochgröße.
Gemessen an Aluminiumzylindern mit 168mm Durchmesser
und 0,5mm bzw. 0,6mm Wanddicke

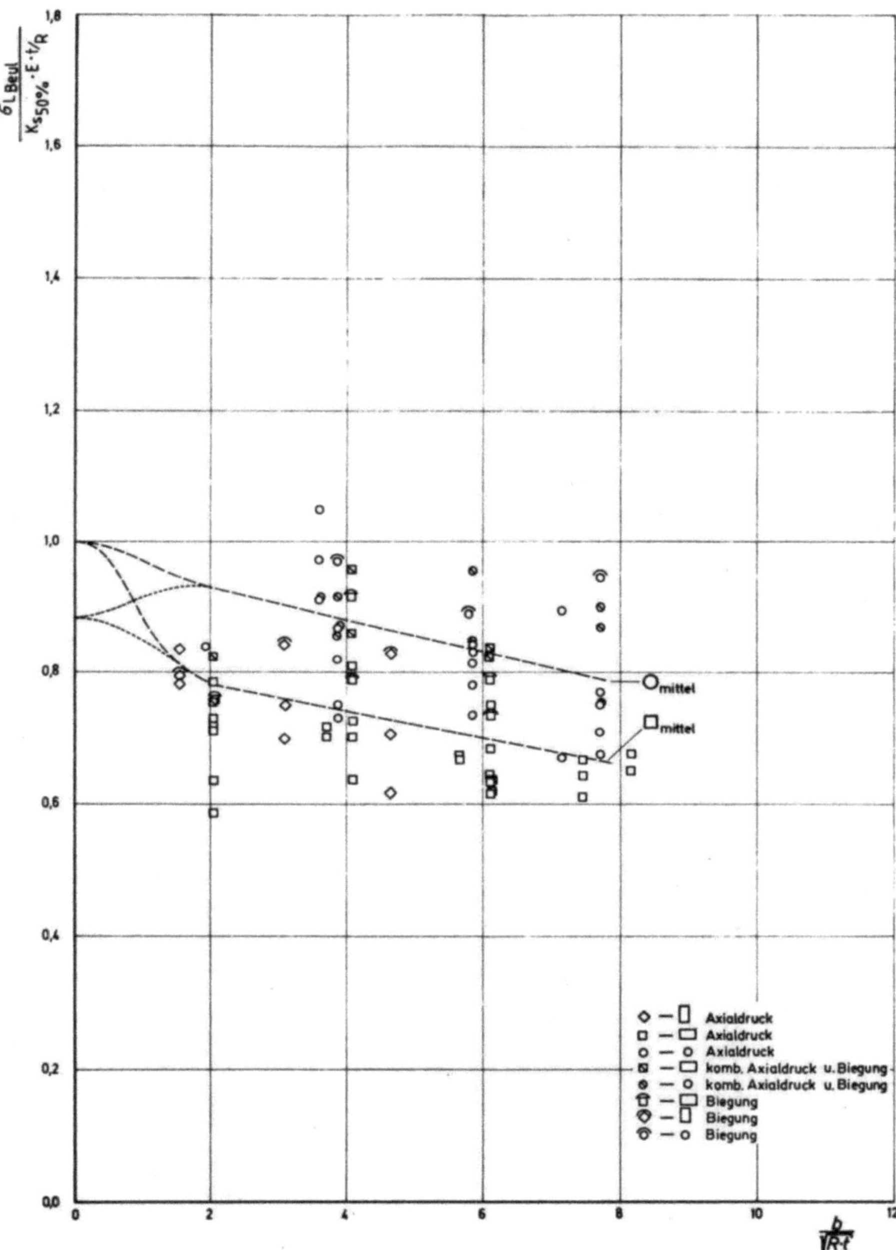

Abb. 31 Bezogene Beullasten von Aluminiumzylindern als Funftion von b/ Rt.
Es sind die mit den gemessenen Beullasten nach der Balkentheorie
gerechneten Lochrandspannungen bezogen auf die nach Harris bestimmten mittleren Beullasten von ungestörten Zylindern aufgetragen

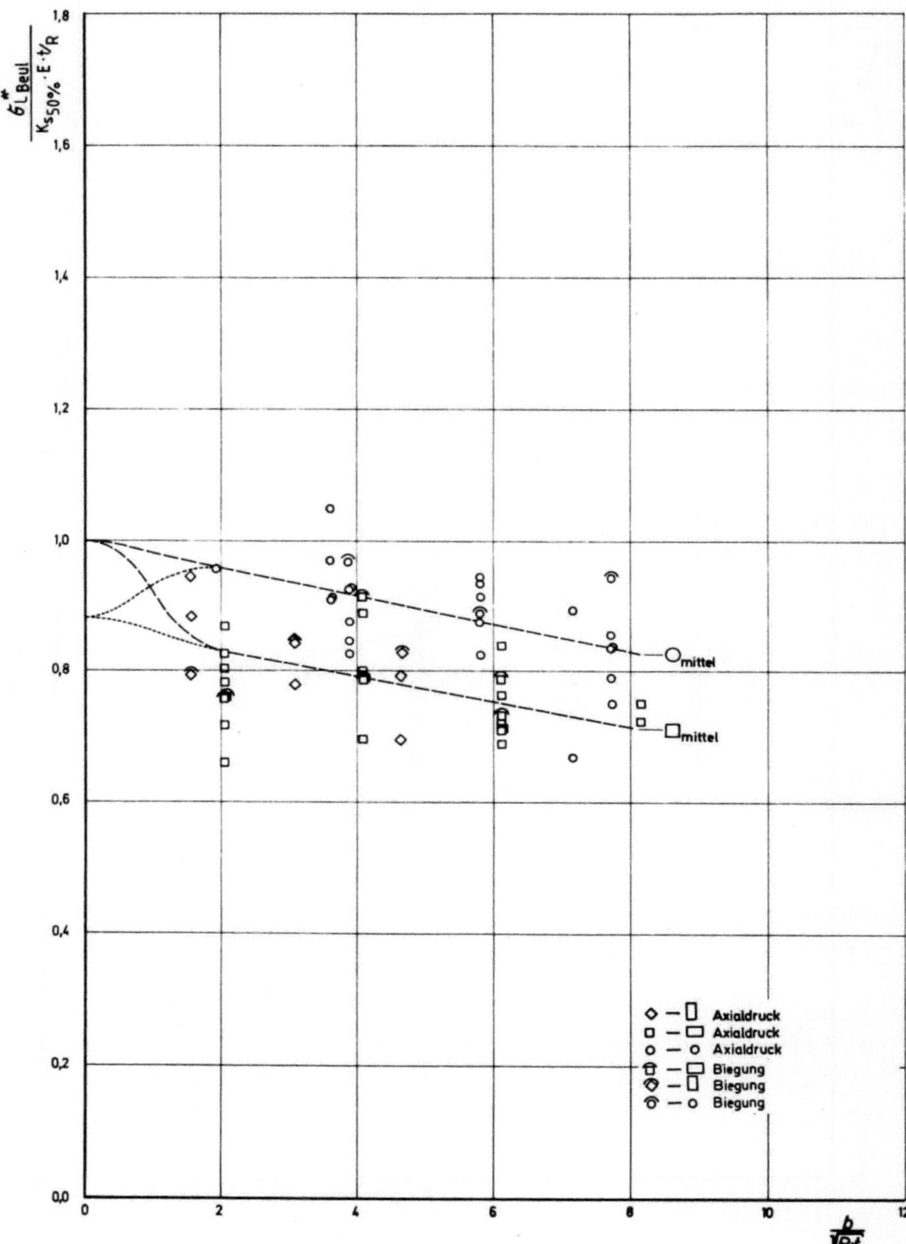

Abb. 32 Bezogene Beullasten von Aluminiumzylindern unter Berücksichtigung der Zusatzmomente infolge Zylinderbiegung

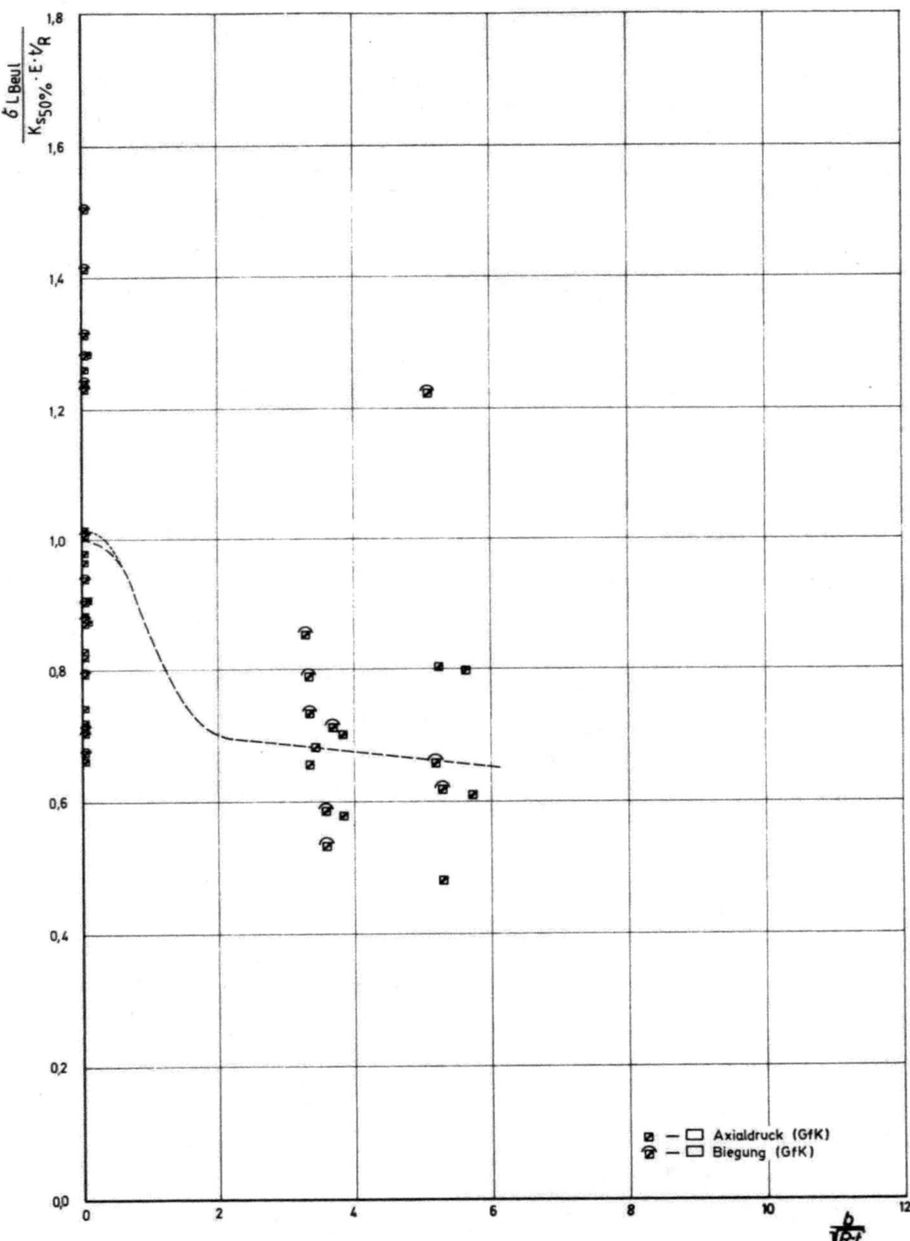

Abb. 33 Bezogene Beullasten von GFK-Zylindern

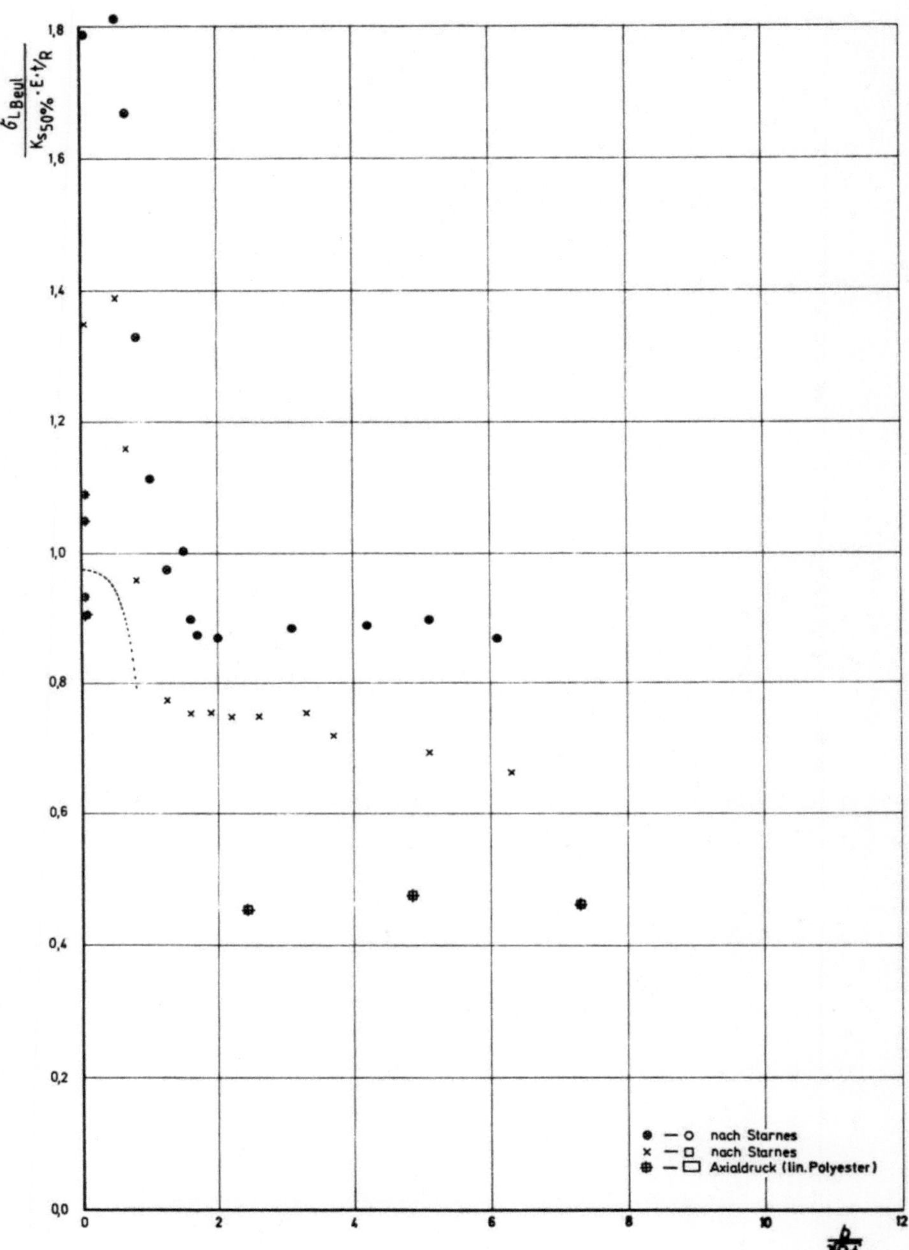

Abb. 34 Bezogene Beullasten von Zylindern aus dünner Kunststoffolie.
(Mylar, Hostaphan)

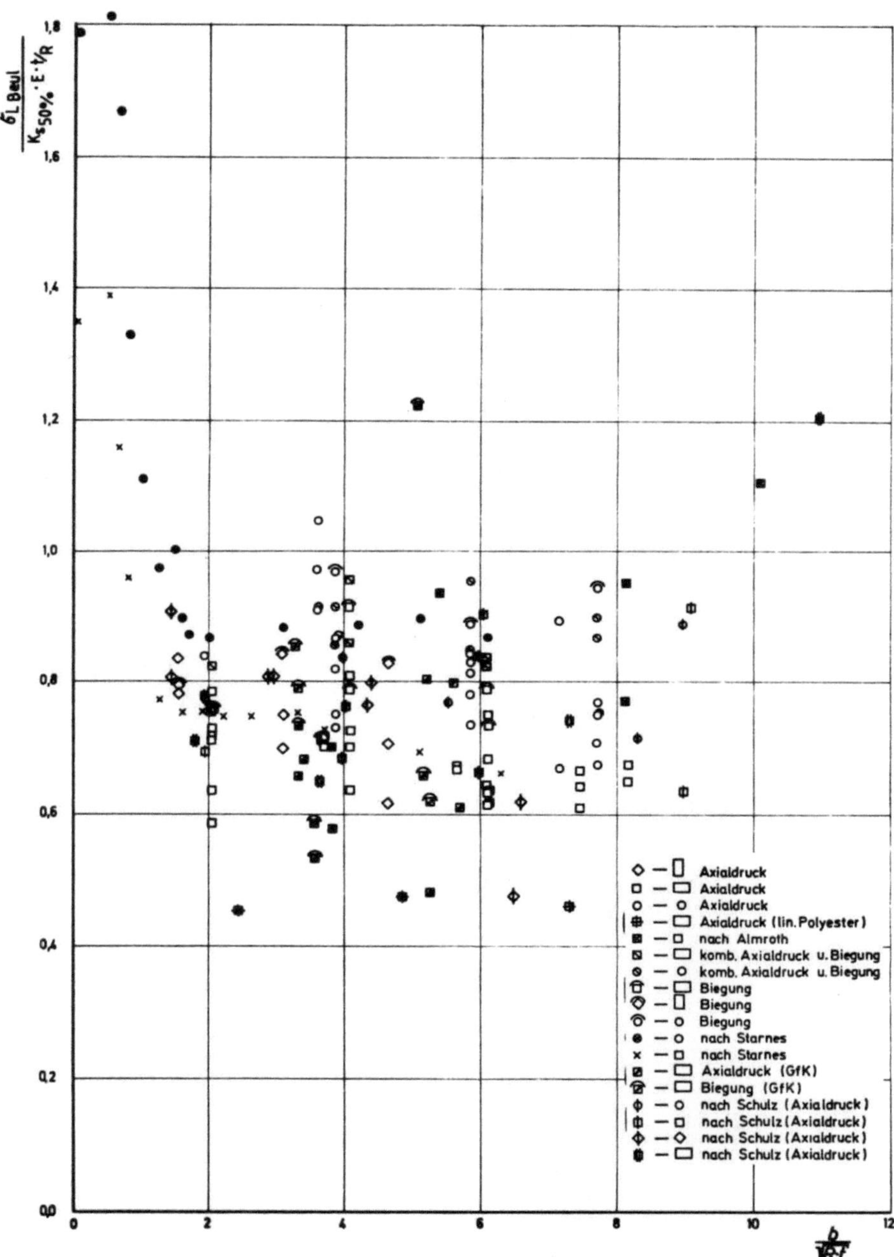

Abb. 35 Zusammenstellung der bezogenen Beullasten aller erreichbaren Meßwerte

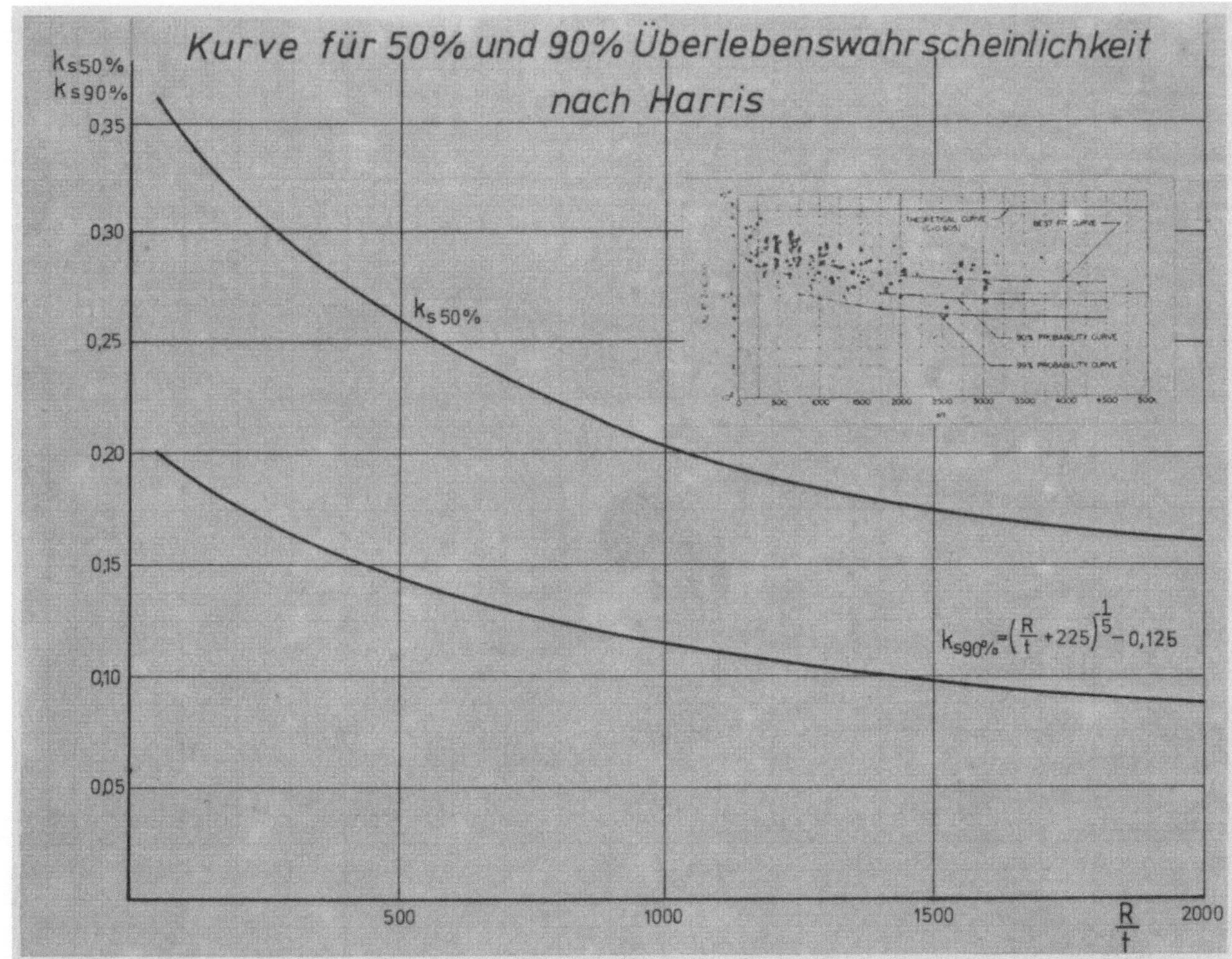

Abb. 36   Beullastverlauf über R/t von Zylinderschalen nach Harris.
Eingezeichnet sind die Kurven für 50% und 90% Überlebenswahrscheinlichkeit

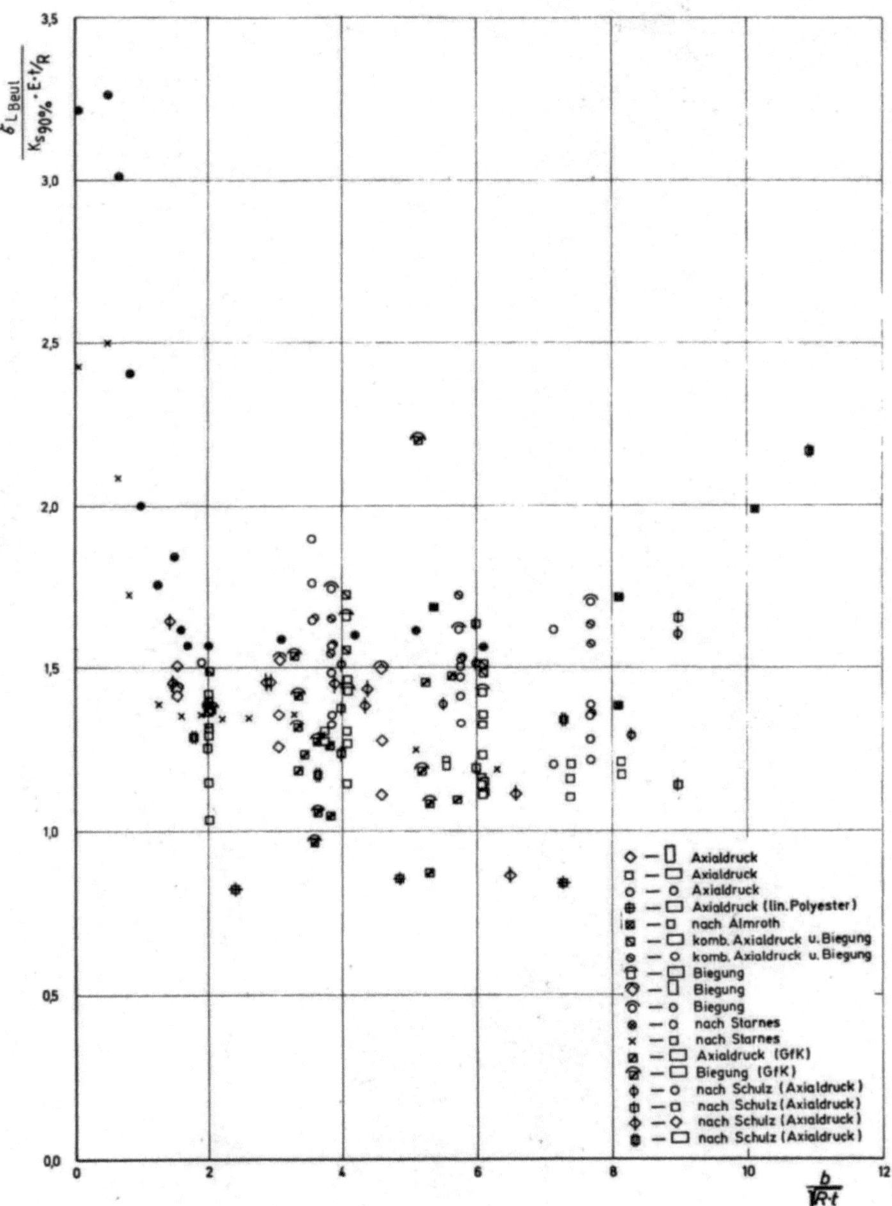

Abb. 37 Zusammenstellung der mit den Beullasten gemäß der Balkentheorie
gerechneten Randspannungen bezogen auf die 10%-Fraktile
(Kurve für 90% Überlebenswahrscheinlichkeit) der ungestörten
Zylinder

FORSCHUNGSBERICHTE
des Landes Nordrhein-Westfalen

Herausgegeben
im Auftrage des Ministerpräsidenten Heinz Kühn
vom Minister für Wissenschaft und Forschung Johannes Rau

Die ,,Forschungsberichte des Landes Nordrhein-Westfalen" sind in
zwölf Fachgruppen gegliedert:

Geisteswissenschaften
Wirtschafts- und Sozialwissenschaften
Mathematik / Informatik
Physik / Chemie / Biologie
Medizin
Umwelt / Verkehr
Bau / Steine / Erden
Bergbau / Energie
Elektrotechnik / Optik
Maschinenbau / Verfahrenstechnik
Hüttenwesen / Werkstoffkunde
Textilforschung

Die Neuerscheinungen in einer Fachgruppe können im Abonnement
zum ermäßigten Serienpreis bezogen werden. Sie verpflichten sich
durch das Abonnement einer Fachgruppe nicht zur Abnahme einer
bestimmten Anzahl Neuerscheinungen, da Sie jeweils unter
Einhaltung einer Frist von 4 Wochen kündigen können.

WESTDEUTSCHER VERLAG
5090 Leverkusen 3 · Postfach 300 620